布艺产品设计

fabric product design

李敏／著

人民邮电出版社
北京

图书在版编目（CIP）数据

布艺产品设计 / 李敏著. -- 北京：人民邮电出版
社，2021.11
ISBN 978-7-115-54980-8

Ⅰ. ①布… Ⅱ. ①李… Ⅲ. ①布艺品－产品设计－高
等学校－教材 Ⅳ. ①TS973.51

中国版本图书馆CIP数据核字（2020）第187831号

内 容 提 要

　　天有时，地有气，材有美，工有巧。布艺是指布上的艺术，是以棉纺织物等天然材料织物为载体
的民间艺术品。本书对传统手工布艺的起源、发展与文化内涵进行探究，从材料、工艺、种类、色彩
和纹样等方面进行探索，尝试构建完整的布艺文化符号体系。全书共 6 章，内容涵盖民间布艺产品概
述、布艺的造型设计基础、民间布艺手工技法、布艺软装设计、民间布艺再设计、布艺再设计作品制
作实例。

　　本书可作为高等院校视觉传达设计、服装设计、环境设计、产品设计等专业相关课程的教材，也
可供对布艺产品设计有兴趣的读者阅读。

　◆ 著　　　　　李　敏
　　责任编辑　刘　博
　　责任印制　王　郁　马振武
　◆ 人民邮电出版社出版发行　　北京市丰台区成寿寺路 11 号
　　邮编　100164　电子邮件　315@ptpress.com.cn
　　网址　https://www.ptpress.com.cn
　　北京瑞禾彩色印刷有限公司印刷
　◆ 开本　787×1092　1/16
　　印张　11.25　　　　　　　　2021 年 11 月第 1 版
　　字数　271 千字　　　　　　2021 年 11 月北京第 1 次印刷

定价：79.80 元

读者服务热线：(010)81055256　印装质量热线：(010)81055316
反盗版热线：(010)81055315
广告经营许可证：京东市监广登字 20170147 号

前言

　　中华文明源远流长，民间文化资源丰富多彩、种类繁多，但民间文化资源大部分存在于大片民居和世俗生活中。随着社会的发展，在乡村城市化和城市趋同化的过程中，一些传统民间文化项目逐渐失传或遭到破坏，民间手工艺由于各种历史及现代发展的原因，正处在衰落消亡的危急时刻。

　　美国未来学家约翰·奈斯比特认为：生活方式的全球同一化趋势与传统文化的民族化趋势几乎是同时发生的。在信息爆炸的社会，世界变得越来越趋于一致，地域性的艺术、造物符号、风土人情等文化资源反倒凸显了它作为文化差异的重要性。

　　历史悠久的中华民族随处可见布艺之美，如何传承和体现传统布艺美学成为当代中国设计的热点。强调地域文化并不是滥用造型，简单地搬运中国元素符号，而是将传统的造型元素深化到精神层面，从地域文化的深厚养分中提炼出有设计价值的东西，这也正是本书研讨的源起。

　　正确识别文化的元素特征是研究传统文化与产品设计的重要方法。潘云鹤院士认为，每一个文化概念的集大成过程中，聚集了许许多多的文化元素，这些元素相互作用最终呈现出"绚丽的色彩"。而文化的意识特征划分到最小的范围，通常就是颜色、材质、纹理等。最初的这些特征因素是不存在文化特征的，但通过设计使其整体与部分组合后，就产生了新的"化学反应"，因而具有了相应的文化内涵的属性。

　　民间传统手工布艺，不单单只是单纯的技艺、纹路图案或物质实体，而是一种"破碎重塑"的智慧，经过设计师学习消化后，融入现代流行的设计当中，以便更加贴近、适合现代人的生活。

　　传统文化资源要想在当代焕发生机，都需要在今天的社会语境中重新诠释和推陈出新。对设计界来说，就是利用科学的设计观对传统文化资源进行整合，并进行产业化的综合开发。文化是人类所创造的物质文明与精神文明的总和，相同文化背景的民族容易产生同理心。越是民族的，就越是世界的，设计师如何立足于深厚的文化背景去创造符合现代生活需求的产品，正是文创产品开发的关键所在。

　　本书共分为6章，各章节内容如下：第一章为民间布艺产品概述，具体介绍民间布艺的概念、布艺的历史与变迁、民间布艺产品的分类、民间布艺产品的文化内涵以及民间布艺产品的手工精神，帮助读者初步了解民间布艺的基础知识；第二章介绍布艺的造型设计基础，对布艺的形态、色彩、材料进行研究，揭示布艺的造型原理与造型法则；第三章介绍民间布艺手工技法，对刺绣、印染、编织三个传统手工技艺进行论述；第四章介绍布艺软装设计，重点介绍传统布艺如何在现代生活中进行应用；第五章民间布艺再设计，重点探讨民间布艺在当代的传承问题；第六章布艺再设计作品制作实例，是笔者近几年的创作成果演示，并附有详细的布艺产品制作过程图示。

由于编写时间有限，本书可能存在疏漏及不足之处，欢迎各位同行、读者批评指正。

李　敏

2020 年 9 月

目 录
Contents

第一章

民间布艺产品概述

第一节　民间布艺的概念

布艺，指布上的艺术，是以棉纺织物等天然材料织物为载体的民间艺术品。天然材料织物主要是指纱线原料取自棉、麻等植物，以及蚕茧等自然供体的梭织类纺织品，俗称的棉、麻、丝、毛等都是天然材料织物。布艺通过不同的手工艺把织物与老百姓的生活日常用品结合在一起，使之具备了综合的艺术表现力。

民间布艺宣扬的是民间老百姓对美好生活的追求，在创作手法上使用了夸张、变形的艺术语言，吸取了民间剪纸、刺绣等手工艺的特点，通过裁剪、缝纫、拼贴、刺绣、挑拨、缠绕、镶嵌等女红手艺来创作的一种布质日用品。

在中国民间传统生活形态中，穿戴物件、床上用品、儿童玩具中都可以发现布艺的踪影。布艺作为中国传统民间工艺的代表，不同的民族、不同的环境所呈现的表现形式也不同。地域文化是文化与原始艺术发展的根本源泉，在历史长河中伴随着经济、文化、社会的进步不断演化出各种艺术成果。其中，布艺产品集中表现了人们对生活的美好愿望，以及审美观和价值观。

中国传统手工布艺是包含了地域性、民族性和社会性等在内的文化艺术形态领域。对传统手工布艺的起源、发扬与文化内涵的探究，包括材料、工艺、种类、色彩和纹样等方面，形成了完整的布艺文化符号体系，民间布艺产品依靠一代一代的技艺相传，留下了许多优美的图案和艺术作品。中国传统文化种类丰富且博大精深，文化产品也不仅仅是符号化的公式化生产，中国传统手工布艺能反映出当时、当地，具有社会功能的文化艺术形态。

第二节　布艺的历史与变迁

一、原始社会

有关布艺的起源，可以说自人类学会了以兽皮遮盖以后，布艺就诞生了。旧石器时代晚期是我国布艺史的开端，考古人员在北京周口店山顶洞人遗址中，挖掘出骨针和一百四十一件钻孔的石、骨、贝与牙等文物，这些文物距今已有一万八千年的历史。这些人为加工的缝制用品证明了当时的山顶洞人已经能够利用原始的骨针这一类工具，进行兽皮等自然材料的缝制劳作活动。

距今七千多年的河姆渡人，在用骨针作为工具进行简单缝纫的基础上，演化出使用捻线和纺轮这些纺织技术，摆脱了兽皮、树皮，人类社会从此出现了人工织造物。人的穿戴形式发生了变化，避寒保暖的功能也得到改善。

良渚文化，距今四千多年，在良渚墓葬的发掘中，发现了麻线和绸片，这块残缺的绸片被命名为"世界第一片丝绸"，是目前可知的最早的丝织实物。良渚文化的手工业成就非常高，良渚出土的丝织品残片，是先撚后织的，包括玉石器、陶器、木作器、竹器编织和丝麻纺织等都有很高的手工业水准。

二、夏商时期

中国在夏商时期就开始了丝织品的生产。中国的丝织品与布艺从原始社会发展到近代，历史悠久、源远流长，其独具特色的文化内涵吸引了全世界的目光。

在《吕氏春秋》《世本》与《淮南子》等书籍中均有文字提及，黄帝、胡曹或伯余发明创造了衣裳。从人工养蚕、种植棉花到发明器械纺纱织布，从兽皮蔽体御寒到穿花纳棉，无不表明人类文明发展的步伐日臻成熟。

随着古代纺织技术的发展，丝麻织物可以普遍用在人们的日常穿戴上。商代人的衣物面料就以丝、麻、皮、革为材料。除此之外，商代人还能够制作精细、轻薄的绸子，比如提花几何纹锦、绮、罗纱。

三、春秋战国时期

春秋战国时期织绣工艺进步极大，穿戴服饰用料日益精细，织物的种类日益丰富起来，这一时期比较盛行的有河南襄邑的花锦，山东齐鲁的冰纨、绮、缟、文绣。后世的刺绣工艺中井然有序的图案排列，早在战国时期便初露峥嵘。

据考证，在屈原的诗篇中就有许多诗句赞叹了楚国丝织品的华美："翡翠珠被，烂齐光些……罗帱多些，纂组绮缟……被文服纤，丽而不奇些""华彩衣兮若英""佩缤纷其繁兮"，由此可见当时丝织品之繁丽。

马山一号楚墓于 1982 年 1 月在湖北荆州马山现世。马山一号楚墓是一个规模较小的贵族楚墓，其中发现各类衣物 35 件，衣服材质来自 8 个品种的丝织物。里面的丝织品做工精良并且种类繁多，其保存之好真是世所罕见，楚墓出土的丝绸，表明了早在战国时代，我国的丝织技术就已达到了相当高的水准。

楚国丝织品的种类主要有纱、罗、绢、纨、缟、组、绮、锦、绦，其中最能代表平纱织物的是绢与纱。锦包括了两色锦与三色锦，属于经线提花织物，其中两色锦的花纹沿经线路径呈条带状，由两根不同色的经线完成。三色锦的花纹则更为烦琐，其代表作品如图1-1所示，它由 7 个单元组成，由七千多条经线织出二方连续的构图图案。这件作品表明两千多年前我国就已经使用了技术水平较高的丝织机械——"束综提花机"。

图 1-1 战国舞人动物纹经锦

楚汉刺绣以锁绣为主，间以平绣，其锁绣工艺与今天的锁绣如出一辙，如图 1-2 所示。

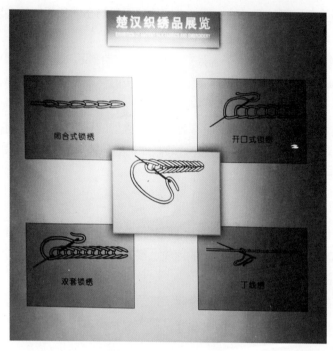

图 1-2　楚汉织绣针法图

新奇大胆的构图、艳丽的色彩是楚汉刺绣图案所具有的独特风格，其装饰主题多以各种变形的龙、凤、鸟、花草、枝蔓为主。龙凤的形象苗条、秀丽，尾巴或羽毛如花般卷曲，与附近的花草植物纹样相互缠绕，整体构图大气且富有变化，引人浮想联翩，楚人浪漫的艺术想象力也在其中略见一二，如图 1-3 和图 1-4 所示。

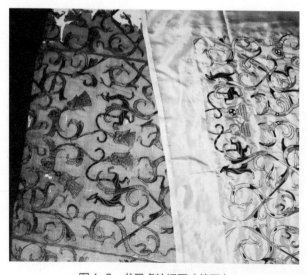

图 1-3　龙凤虎纹绣罗（战国）

图 1-4　凤鸟花卉纹袜红绢面锦袴（战国）

此外，马山一号楚墓还出土了大量完整的衣衾。这些楚国的衣衾，纹样华丽、工艺精湛、构思巧妙，具有很强的感官冲击力。墓中出土的最大的绣品是蟠龙飞凤纹绣浅黄绢衾（见图 1-5）。蟠龙飞凤纹绣浅黄绢衾上呈现的是八组龙凤纹构成的对龙与对凤，龙凤纹两两对称、龙飞凤舞、姿态各异，反映出楚人豁达的人生观和自由浪漫的精神追求。其采用锁绣针法进行绣制，绣线主要以金黄、深褐色为主，辅以棕色、红棕色、黄绿色与灰色等，与浅黄的底面相互衬托，既典雅大方，又神韵十足，是战国时期的精品之作。

图1-5　蟠龙飞凤纹绣浅黄绢衾（战国）

四、汉代

汉代的丝织业及民间手工业更加发达，其中最具特点的便是素纱织衣。素纱织衣轻质通明，可与现代纺织相媲美，可见汉代织造技艺之高超。印染技术在汉代也有了新的进步，比如出现了刻花镂版印染工艺和蜡染工艺。据史料记载，三国时期吴王的赵夫人在刺绣工艺中有着"三绝"之称，即机绝、针绝、丝绝。机绝是指间可用彩丝织成龙凤之锦；针绝是指可通过针线在方帛上绣出"五岳列国"地图；丝绝是指可用胶续丝发作罗丝轻幔。由此可以看出其刺绣手工艺的精湛程度。

《汉书·西域传》记载："天子遣使者持帷、帐、锦、绣给遗乌孙公主。"汉代的丝绸不仅是工艺精美的日常消费品，还成为外交用品，成为国家或民族之缔结友谊的纽带。丝绸之路由此起始，远达中亚地区的众多国家。

五、隋唐时期

隋唐时期因国力强盛，经济规模也有了长足的发展，商业、手工业昌盛发达，外交贸易往来频繁。坚实的经济基础推动了织造手工艺的快速发展，自汉以来，印染工艺在唐代日趋成熟，"古代三缬"之一的夹缬工艺就起源并鼎盛于唐代，具有代表性的唐代夹缬制品遗存如图1-6和图1-7所示。

图1-6　夹缬鹿草屏风（唐）

图1-7　夹缬花树对鸟屏风（唐）

　　唐代刺绣主要是作为穿戴物品的装饰，有诗云"翡翠黄金缕，绣成歌舞衣"（李白），"红楼富家女，金缕刺罗襦"（白居易），全都是赞美其精湛的刺绣工艺。唐代刺绣针法也有一些创新，如平绣、打点绣、绲裥绣等。绲裥绣还被称为退晕绣，在现代称作戗针绣，可以表现出色阶变化，类似现代绘画的退晕效果，富有立体感，可以让描绘的对象色彩富丽堂皇，引人入胜。在《杜阳杂编》（唐·苏鹗）中描述道："唐同昌公主出嫁时，……同昌公主出降……神丝绣被，绣三千鸳鸯，仍间以奇花异叶，其精巧华丽无比。其上缀以灵粟之珠，珠如粟粒，五色辉焕。又带蠲忿犀、如意玉……"在唐代创造出了名为"帖绢"的独特手工布艺，也叫"堆绫"。帖绢和堆绫的表现手法相似，但堆绫为错落有致、层层渐进的工艺手法。堆绫也称堆锦，制作过程是先在纸上裁剪出设想好的图形；再把棉布、绸缎依纸图形裁剪，留出缝头；把边缘毛边缝头回扣，粘贴托裱成装饰图案；并在贴片内部填充丝、棉等材料，以产生浮雕效果。堆绫的半成品如图 1-8 所示。

　　魏晋、隋唐时期佛教信徒众多，有些信徒为表示自己信仰的坚定，选择耗费心血的绣工供养佛像。在《杜阳杂编》中有这样的描述："永贞元年（公元 805 年）南海贡奇女卢眉娘……能于一尺绢上绣《法华经》七卷，字之大小不逾粟粒，而点画分明，细于毛发。其品题章句，无有遗阙……更善作飞仙盖，以丝一缕分为三缕，染成五彩，于掌中结为伞盖五重，其中有十洲三岛、天人玉女，台殿麟凤之象而外，执幢捧节之童，亦不啻千数……"在绣佛经或佛像的过程中，人们不断创造出

图1-8　堆绫的半成品

各种各样的针法：缠针、套针、直针、平金、齐针等，使刺绣的表现手法越来越丰富。

六、宋代和明清时期

唐代有绣佛，宋代则有"闺绣画"。宋代书画艺术不仅在文人墨客中鼎盛一时，闺阁女子同样沉迷于此。明代屠隆有过记载："宋之闺绣画，山水人物楼台花鸟，针线细密，不露边缝，其用绒止一、二丝，用针如发细者为之，故眉目毕具，绒彩夺目，而丰神宛然，设色开染，较画更佳。女红之巧，十指春风，迥不可及。"此外，宋代"荷包"一词正式取代了佩囊、荷囊、旁囊，流传开来。

到了明清时期，社会对女性的要求，男性对女性的择偶标准，都以"德、言、容、工"四字来衡量，"工"即为女红技艺。明清手工业发达，女红技艺在这个历史阶段真正成为一股风尚潮流。清代可以说是女红技艺集大成者。很多画家都参与了刺绣花样的设计，刺绣的品类也层出不穷，"苏绣、蜀绣、粤绣、湘绣"四种绣法在当时并称为四大名绣。

第三节　民间布艺产品的分类

一、服饰布艺

服饰布艺是指布艺在服装与服饰品设计中的应用。我国是一个多民族文化共生交融的国度，在历史中不断发展出各式各样的民间服饰。

从汉族的传统服装穿戴的形制、样式来看，尽管不同的历史时期各有特色，总的来说不外乎两种，上衣下裳和衣裳连属。上衣的类别主要有：半衣、襦、比甲、对襟衣、斜襟衣、长袄、云肩、霞帔、马甲、围涎、坎肩等。下裳有裤及各类裙装，裙装包括百裥裙、凤尾裙、石榴红裙、百鸟毛裙、马面裙等。

束发冠笄就是男人们的头饰。其中冠包括高冠、弁、梁冠、笼冠、小冠等各种不同的样式。另外，与之相符的便是各种冠帽，如大帽、圆帽以及我们熟悉的乌纱帽。而女性头饰以帷帽、花冠、凤冠、盖头等较为常见。这些服饰在现代社会已不复常见，但在某些地区仍能看到这些遗留下来的手工文化，如贴布上衣、刺绣福寿富贵马甲、围涎、虎头鞋、虎头帽、云肩、肚兜、绣花鞋垫、香囊、荷包等。

民间的头饰、服装配饰不仅有样式和穿戴方式的多样性，更有着丰富的文化内涵。此处重点介绍以下传统服饰布艺：舞衣、云肩、围涎、虎头鞋帽、荷包、九大件、兜肚。

1. 舞衣

舞衣是古典戏曲的演出服装，又叫宫衣，用于贵妇的角色，缎地彩绣舞衣如图 1-9 所示。清末及民国时期，民间也常用作新娘出嫁礼服。衣服为圆领，带有八云勾大云肩（见图 1-10），在袖口的位置分别镶缀了十一条彩绣花边。对襟，下裳则是百褶裙，外罩通过八十二条绣带分为上下两层组成"凤尾裙"，如图 1-11 所示。每个部分的装饰都使用彩绣工艺，工艺极为复杂，细节惊人，仅刺绣的各种人物造型（见图 1-12）就多达 248 个。

图 1-9　缎地彩绣舞衣

图 1-10　缎地彩绣舞衣"八云勾大云肩"

图 1-11　缎地彩绣舞衣"凤尾裙"

图 1-12　缎地彩绣舞衣"人物刺绣"

2. 云肩

云肩（见表 1-1）类似现代的披肩，是围绕于肩部的服饰品，最早见于敦煌唐代壁画中的贵族妇女形象。隋代观音像亦有披云肩者。五代开始有老百姓穿着云肩，在元代时流行于民间。明清时期，汉族女性把云肩和日常服饰搭配在一起，从此成为日常流行的穿戴服饰。

云肩的结构均围绕颈部中心放射或旋转为骨架，有四方、八方等不同量的放射形态，以此来象征四时八节，顺应古代造物讲究四方四合、八方吉祥的祝颂理念。云肩的造型大体表现为莲花形、璎珞形、"四合如意"形、柳叶形等几类，也有条带状。每片云子上刺绣图案都具有丰富的文化内涵，不仅包含戏文故事或神仙人物，还有花鸟鱼虫、自然山水以及吉祥符号等。通过不同主题的图案来隐喻不同的人生寄托，诉说人们对生活的美好祝愿。

表1-1　云肩

类型	图示	结构与工艺	寓意
对开云肩		沿中轴对称	
串珠云肩		用串珠技巧将各个局部如意形态合成，串珠处呈现镂空形态，具有空间美感	
有领云肩	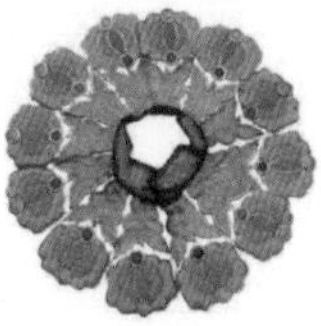	四方如意结线式镂空大云肩（清）	
无领云肩	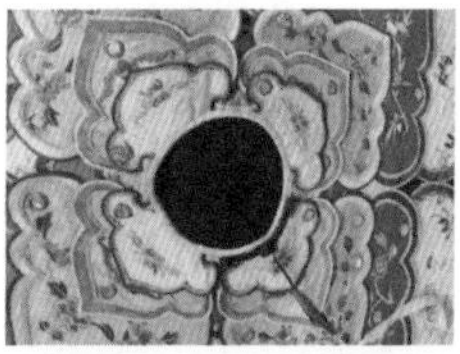		
四方云肩		以白色的绸缎为底布，云头分别装饰鸳鸯、凤凰，二侧绣孔雀，领口处配以折枝花卉及蜂蝶，设计精巧，寓意美好	四方云肩寓意四方如意，事事顺心（"四"与"事"谐音），象征四时
八方云肩			八方云肩寓意春节、元宵、清明、端午、七夕、中秋、重阳、腊八八个节庆的平安祥和，象征八节

类型	图示	结构与工艺	寓意
四合如意式		四合如意花鸟纹云肩：由四个方向的"如意形"的条状云头，相互对合而成	四合如意式寓意四方天下祥和如意
	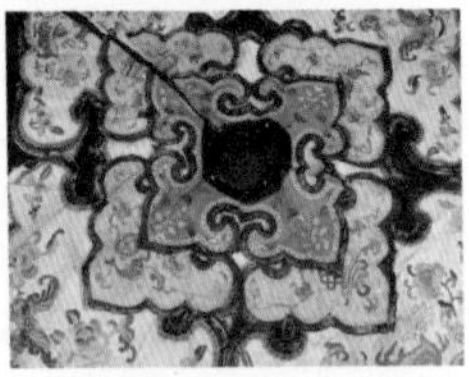	云肩在结构上有单层圈、双层圈、多层圈之分	
四方柳叶式		云肩由八条、十六条、十八条等数量不等的柳叶形散开呈放射状构成	四方柳叶式寓意春满人间、四季长青
	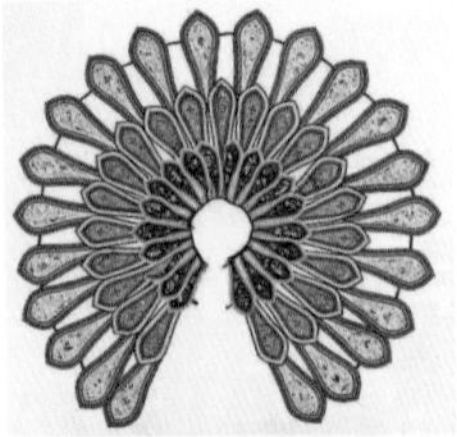	云肩在结构上有单层圈、双层圈、多层圈之分	
四合如意与四方柳叶式的综合形式		内层为白缎地四合如意形云肩，分别刺绣喜鹊登梅、鱼戏莲、蝶恋花、石榴纹样，外层为黑色花卉纹柳叶式	希望婚姻幸福、多子多福

3. 围涎

围涎俗称围嘴，又名"涎衣""口围""小云肩"等，是套在小儿颈部的，可以遮挡前襟上部，避免口水或食物弄脏外层衣服的一种衣物。造型是中间有个圆口套入小孩颈部，外围一圈是形态各异的图案，比如虎纹围涎（见图 1-13）、狮纹围涎（见图 1-14）。

图 1-13　虎纹围涎　　　　　　　　图 1-14　狮纹围涎

围涎多为亲人亲手缝制，所以它的图案造型都有着美好的寓意，祝福孩子避凶趋吉、平安多福。龙眼纹虎头围涎（见图 1-15）模拟老虎形态，以其威势辟邪挡灾。其身上除绘有毛旋和象征长寿的蝴蝶，还布满龙眼纹。龙眼又称桂圆，与"贵"及"三元及第"的"元"谐音，寄托着长辈对孩子前途远大、科举高中的愿景。

4. 虎头鞋帽

虎头鞋帽是一种应用刺绣、民间插花等工艺制作的服饰布艺品类，门上画虎的风俗在汉代就出现了，后来画虎辟邪镇宅成为一种民间习俗。各种传说和典故成为一种民俗符号，代表着"驱邪"与"避祸"。在民间人们一直把老虎作为保护神兽来庇佑小孩，让孩子穿虎头鞋（见图 1-16）、戴虎头帽、睡虎头枕。虎的形象和儿童生活产生了深刻的羁绊，被民间布艺手工描画得既威武又可爱。

图 1-15　龙眼纹虎头围涎　　　　　　图 1-16　虎头鞋

虎符号在布艺产品中主要体现为虎头帽、虎头鞋、肚兜、披肩、鞋垫等。虎头帽（见图 1-17）制作工序复杂，要经过剪、贴、插、刺、缝等几十道工序才能完成。

图 1–17　工序复杂、精巧的虎头帽

虎头帽的造型为立体圆雕造型，其形态的塑造主要通过仿生造型模拟老虎的生理特征，两只大眼圆睁，獠牙巨大，耳朵竖起。虎头帽大量用到了补绣（贴绣）和堆锦（见图 1-18），使虎头的典型特征眼睛、鼻子、獠牙、胡须、耳朵表现得栩栩如生，立体感更强，具有雕塑之美。

民间习惯选用黄色、红色和绿色作为虎头帽的主色，以蓝、白、紫等色辅以装饰，用万字纹、五毒纹、花草纹等表达美好的寓意。

图 1–18　民间贴绣和堆锦工艺制作的童帽

5. 荷包

荷包（见图 1-19）是人们日常生活中会随身携带，用以装小物件的小包，其空间不大但功能很全面，可以装钱，也称为钱袋；可以装香料，也称为香囊；可以装烟草，也称为烟荷包。春秋战国时期，人们就有佩戴香囊的习俗，到了汉代就更为流行。荷包的外形包括圆形、椭圆形、方形、长方形、桃形、如意形、石榴形等；荷包上的图案也是花样繁多，花卉、鸟、兽、草虫、山水、人物以及吉祥语、诗词文字都包含在内。荷包作为传统服饰的一部分一直是布艺装饰的重要舞台，荷包通常运用彩绣工艺通过丝绸制作而成。由于制作工艺以及材料的不同，荷包也拥有各种各样不同的叫法，形状像葫芦的被称为"葫芦荷包"，形状像鸡心的则被称为"鸡心荷包"，如图 1-20 所示。

图 1-19　各种造型的荷包（乌镇）

图 1-20　鸡心荷包

　　民间使用最为广泛的是装有熏香料的香荷包（见图 1-21），它除了装饰的作用外，还有一定的实用功能。香荷包是五月端午的节令物品，上面绣有蝎子、蛇、蜈蚣、壁虎与蟾蜍"五毒"图案，人们都互相赠送并系在腰间或挂在床头，防止各种毒虫侵害人体以避除"五毒"。

　　绣荷包在民间习俗中拥有着旺盛的生命力，除装饰、驱虫这些物质功用以外，还有很重要的精神功能，它也是百姓传情达意的载体。比如，香荷包通常也作为年轻男女互相表明爱意的定情信物，很多地区在新婚时也有索要香荷包的传统习俗。

图 1-21　香荷包（乌镇）

6. 九大件

布艺文化在清代进入了昌盛的时期，清代宫廷贵族身上佩戴的女红手工制品有九大件，成为重要社交场合的标配。男士所用的九大件：荷包、扇套、表套、靴掖、香囊、褡裢、烟荷包、扳指套、火镰套。图 1-22 所示为清光绪皇帝大婚时佩戴的九大件——黄色缎串珠绣福寿双喜活计。女士所用的九大件：荷包、香囊、表套、镜套、粉盒、扇套、靴掖、槟榔袋、烟荷包。我们可以发现，九大件中的各个物件，不仅在生活中起装饰作用，还具有很高的实用价值。

图 1-22　黄色缎串珠绣福寿双喜活计

这种功能与审美兼具的布艺饰物在民间生活中处处可见，比如苏州民俗博物馆藏寿字图案眼镜袋（见图 1-23）：色彩搭配稳重文雅，绣工精美、针法细腻，既是一件很时髦的装饰物，同时也具备收纳眼镜的实用功能。扇套也被叫作扇袋或是扇囊，明清时期的男士将其和荷包、香囊等一起挂在腰上，图案上主要表达典雅大方的文化含义。

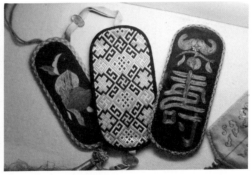

图 1-23　寿字图案眼镜袋（苏州民俗博物馆）

7. 肚兜

肚兜在先秦时代叫作"膺"，到了汉代则称之为"抱腹"，并且一直流行到了魏晋南北朝，后来又被人们逐渐称作肚兜，是民间人们用来护胸与肚子的传统贴身服饰。肚兜的工艺主要是刺绣，同时还包括贴补绣。肚兜上大都有图案装饰，这些图案基本是表现中国的民间习俗或传统故事。比较有代表性的图案包括刘海戏金蟾、喜鹊登梅、鸳鸯戏水、莲花以及各种花草虫鸟，表现的都是辟邪求吉祥的寓意。

青缎地平针绣虎镇五毒肚兜（见图 1-24）是人们在端午节时为小孩制作的肚兜，寓意为避瘟病。其工艺为平针绣，老虎身上的花纹非常逼真，图案上的老虎神态威武勇猛，虎爪下面摁压小蛇，作为五毒之一的蛤蟆则呈逃窜状，其他五毒纹样环绕在老虎四周，这个虎镇五毒肚兜非常有威慑力，它生动有趣地表达了以正驱邪的主题。

红缎地打子绣十字滚绣球肚兜（见图 1-25）的图案为狮子滚绣球，取"狮子滚绣球，好事不到头"之意。这件肚兜以大红缎面料为底布，狮子为绿色贴布绣处于肚兜中央，周围穿插莲花、佛手和蝙蝠等代表福寿双全的吉祥纹样。

图 1-24　青缎地平针绣虎镇五毒肚兜　　　　图 1-25　红缎地打子绣十字滚绣球肚兜

二、家饰布艺

家饰布艺是指布艺在家居日用品中的运用，主要包括床上布艺和家居饰品。床上布艺有帐帘、被面、布枕等；家居饰品有各种摆件、挂件、坐垫等。

布枕头通常分为方形长合枕、长方形花边枕与孩儿枕。布枕头形状呈六面长方柱体，通常是将布或绸缎缝绣在一起，枕头两端都呈正方形，在正方形裁片上绣着各种图案，这种图案就是"枕顶绣"。小小一方枕顶绣倾注了许多女性的心血，刺绣图案象征着吉祥恩爱、婚姻幸福，通常有富贵牡丹、凤栖梧桐、五子夺魁、麻姑献寿、八仙庆寿、松鹤延年、凤穿牡丹、连生贵子、麒麟送子、反哺绵绵等。

孩儿枕造型较之成年人枕头样式更加活泼生动，喜爱模仿自然界动物等生灵的形态。虎枕分为双头虎、单面虎头与虎头鱼尾等，孩儿枕脱出现实的世界，更具浪漫写意的情怀。蛙形耳枕（见图1-26和图1-27）是民间美术造物观的典型作品，蛙与"娲"同音，蛙与"娃"不仅音同，意也相连。女娲是华夏民族的母亲神与繁殖神，所以蛙枕取女娲的象征含义，有保护生命与多子多福的寓意，蛙枕也寓意两性相爱、多子繁殖。蛙枕背上的枕头中心部位留有菱形孔洞，具备实用功能，可以保护新生儿的耳朵。

图1-26　蛙形五毒耳枕（陕西宝鸡文化馆藏）　　　图1-27　蛙形耳枕（陕西宝鸡文化馆藏）

传统家饰布艺同样囊括了许多装饰摆件（见图1-28），将各种颜色的布料通过剪贴、刺绣等缝合成表面是浮雕或圆雕形态的摆件用来装饰屋内空间。装饰摆件和挂件大都包括双喜、绣球、灯笼、五毒、八卦、葫芦等造型，例如五毒挂件、金龙挂灯、连年有余挂灯、吉星高照挂灯、鸳鸯戏荷挂灯、花篮灯包等。

三、玩具布艺

在汉代史料中有文字描述了假面、马骑、偶人、泥车、瓦狗等玩具，到了唐宋时期开始出现了丝绸缝制的玩具。布艺玩具是一个艺术的综合体，既集合了刺绣、拼贴等成熟的平面布艺，又把泥车瓦狗的立体形态用巧妙的布艺裁剪转移。布艺玩具汇聚了民间艺人的智慧与情趣，既有娱乐功能和审美功能，又有使用功能和祈福辟邪功能。布艺玩具的制作方法就是在布缝的围合空间内填入各种填充物，成为布雕塑，其中以动物造型最为普遍。

布老虎（见图1-29）是民间最常见的布玩具，年代久远，并且种类花样非常多。布老虎拥有许多不同的造型，例如单头虎、双头虎、四头虎、子母虎、枕头虎等。布老虎的造型偏卡通化，头身比例较夸张，往往头大、眼大、鼻子大、身小，用夸张的艺术手法表现出老虎威风凛凛的样貌，大大的老虎头显得整个布老虎可爱了许多。布艺玩具不仅有可爱的布老虎，还有其他动物，具有代表性的是十二生肖形象，如图 **1-30** 所示。

图 1-28　传统家饰布艺

图 1-29　布老虎

图 1-30　十二生肖布玩具

第四节　民间布艺产品的文化内涵

一、布艺产品的文化构成

　　传统布艺文化产生于人们的日常生活，它的演变和发展记录着不同地区、不同民族的生活、民情、气候、历史与信仰。布艺作品使得中国很多文化、习俗、历史得到了传承与发展。在当代布艺还在继续服务和丰富我们的生活。

　　地域文化是布艺文化之本源，不同地区的地域文化各有特色，在发展中交融，逐步形成了具有中国特色的布艺文化，彰显了民间传统文化的多样性。这些文化构成中包含着地域中的历史、地理、资源、生活习俗等多重因素，我们也能从这些艺术作品中感受到手艺人精湛的制作工艺。

中国古代的农业文化影响了中国几千年的思想文化，人类通过大自然来认知、观察世界并且发现世界规律。传统手工布艺的物质价值在于满足人们日常生活所需的使用功能，精神价值在于寄托人们的情感与信仰，社会价值在于兼具实用功能与装饰功能。

1. 原始崇拜

原始社会多图腾崇拜，衍生出许多造型独特的图案。

原始社会的人们对于图腾有着崇拜信仰，人们希望被赋予特殊能力的图腾能保护自己以及自己的部落，让部落中的人们能平安顺利地生存下去。在黄河流域的传统手工布艺作品当中，有着许多虎、蛙、鱼等动物纹样，虎纹样就代表着人们对力量的崇拜，在儿童布艺作品中，虎形象象征着人们对于平安的期望，希望儿童能健康、茁壮成长；蛙、鱼等动物形象象征着人们对繁衍的崇拜。

从人类狩猎开始，人和动物之间有了密切的联系。先人对于动物们与自身不同的生存技能心存敬畏，翱翔于天空、潜伏于水底这些奇异的能力使人们心生崇拜与向往。例如，"龙"的产生、演变，直至成为人们向往的象征神圣的灵物的代表，就展现了当时时代的思想意识。汉代之前的龙的形象比较粗犷，青龙作为"四象"之一常与各种神话人物相结合创造出各种形象，具有代表性的是"伏羲女娲双龙"的画像砖，如图 1-31 所示，画像栩栩如生地展示了复杂且生动的伏羲女娲二神（龙）的形态。画面的建筑物中似有一个妇人，在祈求什么，伏羲女娲二神面对，两条尾巴互相交缠并化成两个龙形，画中的妇女则正在向具有司婚姻嫁娶和繁衍后代能力的伏羲女娲二神祷告，以获得天神庇护或者祈求生活美满。

汉代以后的龙的形象更加细致和生动，古语中记载"龙有九似"，角似鹿、头似驼（马）、眼似兔（龟）、项似蛇、腹似蜃、鳞似鱼、爪似鹰、掌似虎、耳似牛。这说明龙的取材涵盖了多种动物的集合，同时龙的形象还融合了雷电、云雾、龙卷风等天气的集合，以至于人们对龙有了敬畏之情。宋代的升腾图（见图 1-32）就展示了"龙飞升于云天"的壮观景象。关于龙的分类有很多不同的说法，在神话传说中，古人将有鳞者称为蛟龙、有翼者称为应龙、有角者称为虬龙、无角者称为螭龙，如图 1-33 所示。

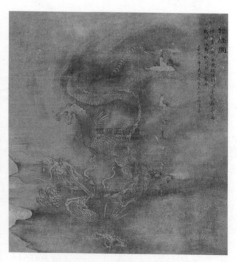

图 1-31 "伏羲女娲双龙"画像砖　　　　图 1-32 升腾图（宋）

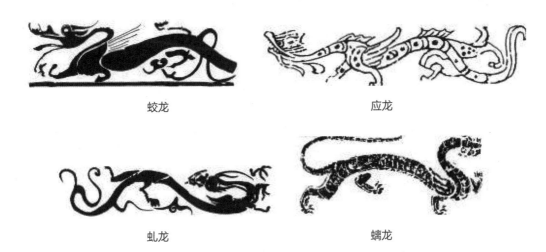

蛟龙　　　　　　　　　　　　　　应龙

虬龙　　　　　　　　　　　　　　螭龙

图1-33　龙图形形态分类

2. 宗教信仰

手工布艺来源于村野，天然具备质朴的美感和原生态气息，在宗教文化的影响下，偶然天成的手工特性，虔诚热烈的色彩幻想，天马行空的造型，带给人们的是一种意想不到的审美情趣。女性为了表达自己的宗教信仰，为了获得神的庇佑，将许多宗教符号运用在服饰和生活用品中。在原始宗教文化背景影响下的民间布艺，通过假设和幻想将各种自然现象人格化、社会化。

图1-34所示为清朝神佛图案"无量寿尊佛"缂丝佛像，该佛像从上到下总共分为五部分：第一部分是日月高照；第二部分是天宫伎乐；第三部分是三世佛的主体；第四部分是十八罗汉与四大天王；第五部分是祥云普照。佛像上"乾隆御览之宝"朱文方印外，还有"三希堂精鉴玺""宜子孙""乾隆鉴赏""秘殿珠林"等多个方印。整个图案共有上百种色彩，做工极其复杂，细节刻画精细，画面宏伟辽阔，是中国历史上缂丝艺术的巅峰之作。

3. 情感美学

民间布艺是凝固时空的艺术。服装、鞋帽、门帘、肚兜等，这些具体的产品，不仅是实用的生活物品，还凝固着特定时空人们的喜怒哀乐、悲欢离合，是可以传承的"人间烟火"。

民间布艺背后隐藏的是人们的生活方式、风俗习惯、生产内容，充满了鲜活的气息，同时体现了人民群众的审美理想和情感追求。归根结底，民间布艺是人民表达自己思想情感的一个载体，它的存在具有鲜明的民族审美情趣和极其深刻的社会内涵。

图1-34　"无量寿尊佛"缂丝佛像

无论是精工巧作的江南画绣、苗疆热情奔放的蝴蝶妈妈，还是别出心裁的堆绫布贴，有的文雅细腻，有的自然质朴，有的奢华富丽。民间手工艺人通过造型、线条、色彩、材料等构造出的一个个美妙绝伦的形象，这也是民间布艺美学价值的生动体现。清新明快、活泼健康，散发着浓郁的乡土气息，民间布艺体现了劳动人民特有的审美情趣和追求幸福的美好愿望。

二、布艺产品中的图形意义

"图必有意，意必吉祥"。布艺产品中的主题和吉祥图案通常会寄托或表达人们对美好生活的向往以及驱邪避凶的期望。布艺产品常借助多个物种来表达作者的寓意，如花卉、虫鱼、植物等纹样。在民间布艺产品中，人们的主观观念不断向客观事物渗透，使得这些客观对象成为一种代替物和符号。这些符号化的造型不是直接展示出来的，而是通过抽象和隐喻的手法加以表示的。

传统布艺包含的主题故事性符号都包含着祝福的含义。

1. 儿童祈福主题

为了达到避凶避恶并且保佑儿童身体健康的愿望，布艺产品经常会使用老虎、"五毒"等形象，"五毒"即老虎、蝎子、蛇、蜈蚣、蟾蜍这五种"毒物"，寓意百毒不侵，表达了父母对孩子能够健康成长的期盼。儿童会在端午节时穿戴绣有"五毒"形象的衣服来祈求庇护。图**1-35**所示的是按清代晋南民俗刺绣肚兜。其中，虎头鞋、虎头帽是为了借助老虎的威势给小孩避妖魔、驱瘟病。

图 1-35 清代晋南民俗刺绣肚兜

2. 生殖繁衍主题

与生殖繁衍相关的主题常会用到石榴、麒麟、莲、葫芦、鱼、藕等元素。石榴——石榴生子；麒麟——麒麟送子；莲——莲生贵子；葫芦——葫芦生子；鱼——鱼莲孕子；藕——因合得藕，运用这些元素寓意婚姻和谐，家庭美满。

蓝缎地平针绣连年有余肚兜（见图**1-36**）：该肚兜有莲花、童子和游鱼等图案，莲花和童子的谐音意味着"连生贵子"；莲花和游鱼的谐音意味着"连年有余"。另外，肚兜图案中的莲蓬与石榴都是多籽的食物，寓意多子多福。

红绸地平针绣麒麟送子团花绣片（见图**1-37**）：这个团花绣上有一个童子头上戴着太子冠，左手手持桂花，右手拿着笙，坐在一头麒麟之上。整个绣片采用平针绣工艺，整个图案为圆形纹样，在绣片周围绣满祥云、牡丹、海水、山石等纹样；绣片最外一层绣有牡丹与菊花间隔排列。

3. 男女情爱主题

男女情爱主题的图形代表包括鱼——鱼戏莲；蝴蝶——蝶恋花；鸳鸯——鸳鸯戏水、鸳鸯采莲；莲——鱼钻莲；龙、凤——凤戏牡丹、凤穿牡丹、龙戏凤；喜鹊——喜上眉梢等。

4. 老年人福寿主题

老人主题为表达健康长寿多使用"福、禄、寿"题材。茶绿缎地平针彩绣松鹤延年团花绣片（见图1-38），在茶绿色缎地上，绣有仙鹤、松树、湖石、花卉等纹样，寓意"松鹤延年"，松树和仙鹤在传统吉祥语中，有成仙长寿之意。

5. 荣华富贵主题

荣华富贵主题常常使用牡丹图案，牡丹是富贵和吉祥的代表，所以国人都爱用带有牡丹的图案表达吉祥富贵之意。

牡丹青缎地钉线绣三蓝牡丹团花绣片（见图1-39）中绣有一朵盛开的牡丹花，四周平绣海棠、玉兰，外圈用钉线绣有变异连钱纹。连钱纹饰将钱连接成串，取富贵连连、财源不尽之意。

刻丝凤穿牡丹团花绣片（见图1-40）是以凤凰和牡丹花为主题的刻丝圆片，作品用色鲜艳明洁、配色雅致、构图饱满。一对凤凰在牡丹花与桃花丛中遥相呼应，上接云天，下连福海，形成一派富贵喜庆之气。

图1-36 蓝缎地平针绣连年有余肚兜

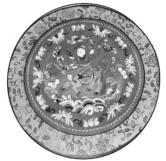

图1-37 红绸地平针绣麒麟送子团花绣片

图1-38 茶绿缎地平针彩绣松鹤延年团花绣片

图1-39 牡丹青缎地钉线绣三蓝牡丹团花绣片

图1-40 刻丝凤穿牡丹团花绣片

6. 人生事业主题

在古代，科举制是人们进入仕途的重要途径，科举制在中国历史上存在 1300 年之久，是人们施展抱负的一种方式。

灰缎地平绣一路连科团花绣片（见图 1-41）中带有动植物暗喻的图案，以剪纸绣花样为粉本，绣出一丛"连棵"的荷花，一只白鹭前行回首，最下面是象征湖水的水波纹。鹭与"路"谐音，又绣有一丛"连棵"的荷花，故名"一路连科"，预示着仕途顺利。

暗红缎地三蓝平针绣人物团花绣片（见图 1-42）属于人物场景型的图案，在这个绣片中描绘了一个男子骑马过桥，前方有门楼矗立，桥下则高峰耸立，另外还有一个男子脚踏祥云，凌空飞升，旁有仙鹤展翅。原来桥上的景色正是神宇仙宫。整幅图案设计大胆、浪漫，充满梦幻色彩，是绣品中不可多见的图案题材之一，表现出作者新奇独特的想象力。该绣片寓含着平步青云，步步高升的祈愿。

图 1-41 灰缎地平绣一路连科团花绣片　图 1-42 暗红缎地三蓝平针绣人物团花绣片

7. 花卉、虫鸟、植物、动物等吉祥隐喻的符号

红缎地彩绣丹凤朝阳肚兜上绣有祥云、凤凰、飞蝠、梅花、兰草等元素。其中，祥云意为吉祥的云彩，代表神仙所乘的彩云；凤凰又被称作凤皇，它不仅是吉祥之鸟也是百鸟之王，象征华贵、进取、太平、和谐；飞蝠，蝠与"福"谐音，寓意福气；梅花有传春报喜，吉祥幸福之意；兰花象征生活美满与幸福归来。

第五节　民间布艺产品的手工精神

中国传统手工布艺的文化艺术形态包含地域性、民族性与社会性。对传统手工布艺进行实地考察，运用图像分析法、分类比较法研究传统手工布艺的艺术特征，探索传统手工布艺的成因、发展及文化内涵，可以发现传统手工布艺从材料、工艺、种类、色彩和纹样等方面形成了完整的符号体系，对中国传统手工布艺的研究推动了中国布艺艺术文化遗产的保护与传承，为现代布艺设计提供文化参考与灵感来源。

中国一直拥有种类繁多、题材多样、文化内涵深厚的手工艺资源。传统布艺也都是由民间百姓手工制作而成，即由凤尾纱、娟、绫、绸、缎、麻布、纯棉绣线、蓬松棉等为主要原料的布艺刺绣工艺传统材料，用剪、缝、绣、贴、挑、拔（扎）、拼、缠、纳、叠、镶等技法来制作的。通常会以民间百姓对幸福生活的期盼为主题，通过变形与夸张的形式创造产品。

一、刺绣工艺

刺绣工艺作为中国民间传统手工艺技能具有很高的使用价值与文化价值。目前最具代表性的刺绣有苏绣、湘绣、蜀绣与粤绣四类。其工艺技法包括错针绣、乱针绣、网绣、满地绣、锁丝、纳丝、纳锦、平金、影金、盘金、铺绒、刮绒、戳纱、洒线、挑花等。在人们的日常生活中，服饰与装饰品是刺绣主要运用的地方。刺绣一般需要绣布、绣线、绣针、绣绷和绣架，刺绣绣法一般包括平针绣、打子绣、劈针绣、花径针法、法国结、链式绣法、羽毛绣、缎纹刺绣针法、拉锁绣等。掌握不同的刺绣技巧，并将其运用到各种不同图案的刺绣中，才能秀出绝佳的作品。

缝纫刺绣是民间传统工艺"女红"的一种，中国民间妇女能用一双巧手将传统文化精髓与自己对美好生活的寄托通过刺绣展现出来。

不同的民族或是不同的地域可以创造出风格迥然不同的刺绣形式。刺绣也有着各种各样的风格与流派。相比较而言，南方的刺绣工艺历史更加悠久，风格细腻雅洁；而北方的刺绣用针比较粗，配色亮丽。

刺绣早在 4000 年前就有"衣画而赏绣"的规定，那时刺绣就已经进入百姓生活的各个层面。刺绣不仅出现在人们的日常生活中，同样也出现在了祭祀、礼仪活动中。

红纱地彩绣藤萝女氅衣（见图 1-43）制作于清朝，这件衣服的款式比较规范，装饰齐整，圆立领大襟中接袖红纱地为底料，一反戳纱做法，改为正戗针绣花，用粗壮绒线绣出写实的藤萝和彩绣花蝶，堪称精品。

图 1-43　红纱地彩绣藤萝女氅衣（清）

二、贴花工艺

早在周代，就出现了贴花工艺，距今已有三千年的历史。《周礼》有"刻绘为雉翟"的记载。到了唐代，又出现了"贴绢""堆绫"等缝贴工艺。明清时期，贴花工艺得到了快速发展，这一时期也成为布艺绣制祥瑞图案的鼎盛时期。

堆绫是将许多颜色的梭子剪成花样，精心堆叠花样使之凸起，具有浮雕的效果，古人喜用许多废弃的布料进行拼贴，这样既节省布料，又具有独特的艺术效果。贴花，又称"补花"，专为儿童制作的百家衣（见图 1-44）就是采用贴花的工艺。百家衣是将不同颜色的布料拼贴在一起，寓意儿童有百家的保护，反映了父母希望孩子平安成长的愿望。图 1-45 所示的艾虎五毒纹回回锦童衣料的制作步骤：首先绘制整体的拼接图案，然后将碎片进行剪裁，并把相邻的布块进行缝合以完成拼缝，最后进行边角处理，就完成了整个贴花的过程。

图 1-44　彩缎菱格百家衣

图 1-45　艾虎五毒纹回回锦童衣料

三、挑花工艺

挑花工艺是一种十分普遍的针法，时下非常盛行的十字绣便是采用的挑花工艺。这个针法不伤布丝，应用也比较广泛。

挑花工艺具有代表性的是黄梅挑花（见图 **1-46**），也叫作十字挑花，属于湖北省黄梅县的汉族民间工艺艺术。其在中国绣花工艺上很有代表性并且影响力巨大。挑花工艺布艺制作非常严谨，依靠手工艺人在土棉布上一针一线地挑纱制作，在整体布局上分别留有角花、边花、团花、填花等位置（见图 **1-47**），对图案的要求十分严格。在针法上有十字针、双面针、空针等特殊针法，对制作人的工艺技术要求很高。

图 1-46　黄梅挑花方巾

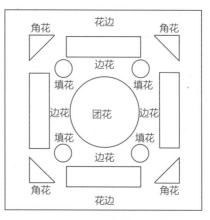

图 1-47　挑花图案方位示意图

第二章

布艺的造型设计基础

第一节　布艺的形态研究

布艺的形态会受布艺本身的材料与制作工艺的限制，它有简约、概括、整体和特有的形态语言。手工艺人在注重布艺产品的美学表现和功能应用的同时，还要将布艺产品的造型做到极致的简约，从而尽可能地减少没有意义的布料的消耗。布艺产品设计中的形态语言具有以下三种原则。

（1）布艺产品的形态极简化。在布艺设计过程中应用尽量少的基本成分和要素，使用抽象概括的造型语言。基本形态有片状、穗状、方状、叠状，讲究造型的因循自然而不刻意追求风格。

（2）布艺产品形态的个性化、随意性。民间的手工艺人不肖形似而求神似，重主观情感而不拘泥于客观写实。在遵循民间传统审美的同时，每一件作品都是手工艺人随性创作的表达，从制作手法和材料选择，均可见手工艺人流露出强烈的个人审美倾向。同一地区、同一主题的作品都不尽相同，各有千秋。

（3）布艺产品形态的实用性。布艺产品属于民俗生活的一方面，布艺产品的形态不仅具有审美功能，更满足人们日常生活的实用功能需求。例如，虎头枕的整体造型就很明显地受到民俗实用功能的影响，虎头枕在形态上呈中间凹陷的长方体，凹陷部分适合人使用时的头部形态；整个"老虎"外观简化，省略了四肢细节；虎头在布枕两头，充分体现了劳动人民天马行空的想象力，同时也体现了普通民众对美好生活向往的精神层面的需求。

一、布艺产品的造型特征

民间布艺是中华传统造型艺术不可或缺的一部分，布艺的形态、外观、色彩都有各自不同的特征。传统民间布艺可以划分为"圆雕式布造型""浮雕式布造型""拼布式造型"三种基本造型特征。

1. 圆雕式布造型

圆雕是指可以从多方位、多角度欣赏的三维立体雕塑，又叫作立体雕。圆雕的整体造型艺术主要表现在立体形态上，长宽高三个维度的空间均被圆雕所占据，观众可以围绕着圆雕从三维视角看到物体的任意面。圆雕式布造型有多种多样形式的造型手法，有写实性的、装饰性的、具体的与抽象的，等等。

圆雕式布造型也有丰富多彩的造型内容与题材，人物或动物均可，甚至还可以是静物，主要体现为布枕、布玩具、香包和鞋帽这类生活物品。这类布艺品多以立体造型为主，具备雕塑效果，在满足实用功能的前提下，在视觉上达到饱满性与趣味性。这类布艺品以两片或两片以上的布片缝制在一起，形成围合的空间，可以填充材料，以获得空间实体感。

在圆雕式布造型的布艺产品（见图2-1）中，布既是造型的功能性材料，同时也具有审美性功能。用布构成圆雕造型空间感的方法主要有如下两种。

①要完成布片从平面剪裁到立体构成的设计过程，在制作之初，要具备三维空间想象力，预先设计好的平面形态可以围合成满意的立体效果，每个布艺产品平均需要两、三块布样，相互拼合、缝制成立体的造型。

②填充物的饱满程度决定了物体的立体质感。填充材料可以是谷物壳、锯末、荞皮、刨花、棉花、海绵等。

图 2-1　圆雕式布造型的布艺产品

2. 浮雕式布造型

浮雕是半立体型雕刻品，是浮凸于物体形态表面的图像造型。浮雕式布造型（见图 2-2）属于布艺造型的一种，制作者把想要的形象塑造在一块平面上，使它从原来的材料平面脱离出来。

浮雕式布造型的布艺品以挂件、布包为主，其造型基于两个构成原则：从外观形态上讲，主要以"两面拼接"的形式组合而成；而内部附有少量填充物撑起的中空式立体效果，使其悬浮起来更具立体感。

用布体现浮雕造型空间感的方法主要有以下两种。

①与圆雕式布造型相比，浮雕式布造型空间立体感较弱，主要由两面拼接组合而成，内部附有少量填充物，这种略微的凸感，使布艺产品的视觉效果更丰富，使之悬挂起来更具美感与立体感。

②浮雕式布造型主要用于塑造布艺产品的形象特点，比如布艺对象的五官、特别的纹样、肌理等，突出造型的装饰性，主要采用了绷、扎等缝制手法，表现出丰富的纹路与逼真的造物形象。

图 2-2　浮雕式布造型示例

3. 拼布式造型

拼布式造型是根据其技法特点总结出来的一个造型种类，自古以来我国人民就有勤俭持家的美德，"新三年，旧三年，缝缝补补又三年"，老百姓将这一节俭作风运用在布艺品上。我国传统服饰中的"百家衣"就是古时候家里的长辈向邻居和朋友收集各种颜色的布的边角料而拼制起来的童衣。"百家衣"由碎布缝合而成，制作复杂，费时费工，但长辈们不辞辛苦，用手工绗缝一针一线地为子孙们制作五颜六色的衣服，希望子孙受百家保护、护佑平安，所以取名为"百家衣"，寄托了长辈们对子孙后代的爱与祝福。

早期的布拼就是用碎布头，以贴、缝、纳、补的形式组合缝制的；由于其淳朴的特质，才得以形成具有鲜明地域色彩的布拼艺术，同时也是民间艺人慧心巧手的集中体现。拼布将零碎织物缝合成完整布块或纹样。汉族水田衣、拉祜族女子拼布服饰、白族钱字纹拼布围兜、瑶族拼布背扇等布艺都运用了拼布工艺。大多数布艺品都存在布拼的技法，衣服、门帘、坐垫、百花帐都是民间艺人的杰作。

拼布式造型形式分为两种。

①实用性拼布。由碎布块拼接而成的具有实用性的家居日用品，布拼形式多样且美观，颜色搭配也丰富多彩，造型表现出几何美、花色美和绣工美的艺术原则，如图 2-3 所示的阳新布贴。

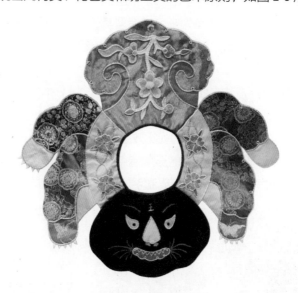

图 2-3　阳新布贴

②装饰性布拼。人们的物质生活逐渐富裕，人们开始寻找精神享受，由此产生了装饰效果的布贴画。它的特点主要是借助图案的形，以布艺的花色为载体，既表现出平面式的构成形态，也体现出布艺品的特有质感。

二、布艺形态的造型规律

在具体的设计过程中，布艺形态的造型方式主要包括以下几个方面。

1. 布艺形态的独立应用

布艺产品设计中单个布艺形态直接应用，是指以片状、穗状、方状、叠状等单个布艺形态为造型主体，用简单的方式来处理形态就能获得美观的布艺产品设计的方法。加法创造和减法创造是对形态进行处理的主要方法。

加法创造是指先将简单形态通过重复、渐变、对比、交替等方法组合成复杂的形态，如镶、嵌、插、叠、垒、垫、捆、绑等。

减法创造是指用分割、切削、分裂等造型手段处理基本形态，如插、削、刮、修、挖、凿、钻、切、割等。

2. 布艺形态的组合应用

布艺形态的组合应用是布艺产品形态设计中的常用方法。这些形态以某种片状、穗状、方状、叠状等几何形态为基本单元或模块，通过镶、嵌、插、叠、垒、垫、捆、绑等加法创造的原则，构成一种新产品。新产品外形简洁、形态独特，可以将其理解为由基本形态相加而成。

3. 布艺形态的其他应用

除了对基本形态使用造型手段构成新的布艺形态，还能利用扭、曲、挤、接等方法依据布艺的材料特性获得新的布艺形态，如图2-4所示。这些造型方式打破了传统布艺设计规则的束缚，将设计师的想象思维置于更宽广的视野，拓展布艺产品的使用功能，挖掘布艺产品设计的深度，创造多元的设计可能。

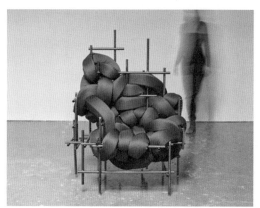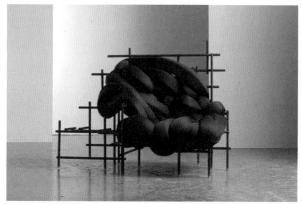

图2-4　布艺形态的其他应用

第二节　布艺的色彩研究

一、色彩的基本知识

布艺是经过人为创造来为我们日常生活增加装饰性和实用性的技艺，它也通过这两个方面来表现其独特的价值，并改善我们的生活环境。而其价值的体现是建立在造型、色彩、材料以及表面图案等相互辅助的综合因素之上的。由此可见，掌握作为核心影响因素之一的色彩的相关知识就显得尤为重要。

色彩能够引起我们共同的审美，是相对其他因素更为直接的、敏感的和有表现力的形式要素。颜色可分为有彩色系和无彩色系。

无彩色系是指饱和度为零的颜色，例如，白色、黑色和由白色及黑色调和形成的无数深浅不一的灰色。

有彩色系是布艺产品关注的重点。有彩色系的颜色有三大特点：色相、纯度（也称彩度、饱和度）、明度，在色彩学上这也叫作色彩的三大要素或色彩的三属性。同时，还有一个重要的属性——色调。下面以色彩科学研究成果为基础，从实际应用的角度来探讨色彩关系的这些基本特征，探索它们怎样才能帮助布艺作品呈现出更多的创造方法和表现形式。

1. 色相

各种不同色彩可以通过色相来区分，色相是最准确的区分标准。色相由原色、间色和复色构成，是色彩的首要特征。事实上所有颜色（除黑、白、灰外）都有色相属性，色相的意义在于能用名称来区别红、黄、绿、蓝等各种颜色。在光学意义上，光波波长的长短会产生色相的差别。自然界里各个不同的色相是无限丰富的，如黄绿、紫灰、黄橙等。即使颜色属于同一类，也可以分出几种色相，如蓝色可以分为浅蓝、深蓝等。人眼可以分辨 180 种不同色相的颜色。

红、橙、黄、绿、蓝、紫为最初的基本色相，与光谱中有六种基本色光完全一致。在各色中间插入一个中间色，按光谱顺序为：红、红橙、橙、黄橙、黄、黄绿、绿、蓝绿、蓝、蓝紫、紫以及红紫，以上是十二基本色相。这十二基本色相的彩调变化在光谱色感上是均匀的。

更进一步地，还有二十四色相环。各彩调按不同角度排列在色相环的圆圈里，十二色相环（见图 2-5）每一色相间距为 30 度；二十四色相环每一色相间距为 15 度。

在十二色相环中，原色、二次色和三次色组合十二色相环。

红色、黄色和蓝色彼此势均力敌，在环中形成一个等边三角形，是色相环中的三原色。

二次色处在三原色之间，形成另一个等边三角形，分别是橙色、紫色和绿色。

原色和二次色混合成三次色，红橙、黄橙、黄绿、蓝绿、蓝紫和红紫六色为三次色。

在了解了与色相相关的知识后，就可以从科学的理论角度辅助我们更加快速地掌握色彩的使用、搭配原则，并且能够增强对色彩的审美意识，了解优秀的布艺作品的设计奥秘。

图 2-5　十二色相环

2. 纯度

色彩的纯度也称饱和度或彩度、鲜度，纯度表示色彩鲜艳程度和深浅，就是原色在色彩中所占据的百分比。科学地看，色相发射光的单一程度决定了这一颜色的鲜艳度。单色光特征的颜色都具有一定的鲜艳度才能被人眼所辨别。不同的色相不仅明度不同，纯度也不相同。深色和浅色、浓色和淡色等色彩鲜艳度的判断标准是纯度。

原色是纯度最高的色彩，色彩越暗淡则纯度越低。

若纯度降到最低，就会变为无彩色，从而失去色相，也就是黑色、白色和灰色。人眼直接感觉到的色相明确或含糊、鲜艳或混浊的程度取决于色彩纯度的强弱。

高纯度色相加白或黑，可以提高或减弱其明度，但同时也会降低它们的纯度。若加入中性灰色，则会降低其色相的纯度。相邻色相混合，根据色环的色彩排列，纯度基本不变（如红、黄相混合所得的橙色）。

色彩的纯度变化产生了丰富的强弱不同的色相，使色彩具有韵味与美感。

色系中，常用彩度或饱和度表示色彩，而黑白的纯度，可以称之为灰度。同一色相的色彩，不掺杂白色或黑色，则被称为纯度。在纯色中加入不同明度的无彩色，会出现不同的纯度。以蓝色为例，向纯蓝色中加入一点白色，纯度下降而明度上升会变为淡蓝色。继续加入白色的量，颜色会越来越淡，纯度下降而明度持续上升。反之，加入黑色或灰色，则相应的纯度和明度会同时下降。

从色彩心理学角度来论述，纯度高的色彩由于明亮、艳丽，因而容易引起视觉的关注、亢奋；中纯度的色彩基调较为温和、丰满，能保持人的视觉长时间注视；而低纯度的色彩基调比较单调、稳定，更容易使人产生联想。我们会看到很多民间布艺作品一般会使用纯度比较高的色彩，比如图2-6左图所示的布老虎头包包，这个包包具备民间虎头的色彩特征——几乎没有掺杂其他色彩的钴蓝、玫瑰红、草绿，选择的色彩非常艳丽，而且在色相的搭配上选用的是对比色搭配，很容易引起视觉的注意。而图2-6右图所示的布艺人偶，选用的是灰色系，原色中掺杂了黑色或者白色，多色混合而成，色调沉稳含蓄，有高级感。

图2-6　不同纯度的布艺产品

3. 明度

色彩明度指色彩的亮度。不同颜色会有明暗的差异，而相同颜色也有明暗、深浅的变化。比如，在明度上不一样的红颜色（深红、大红、橙红、粉红等）；蓝灰、普鲁士蓝、群青、钴蓝、浅蓝等蓝颜色在亮度上也不一样。正是因为这些颜色在明暗、深浅上有不同的变化，所以可以表现出色彩的明度变化这一重要特征。

色彩的明度变化（见图 2-7）有很多种不同的情况。

第一种是不同色相之间的明度变化。未调配过的原黄颜色明度是最高的；黄色比橙色亮；橙色比红色亮；红色又比紫色亮。

第二种是在颜色中加白色，明度就会随着白色的增加逐渐提高；相反加黑色明度会变暗，同时也会降低纯度（饱和度）。

第三种是用光线照射相同的颜色，随着光线的强弱变化，颜色的明暗也会发生一些变化。

图 2-7　面料的明度变化

4. 色调

色调就是图像的相对明暗程度。决定色调的是物体反射的光线中以哪种波长占优势，色调在彩色图像上表现为颜色。色调并不是指颜色的性质，色调其实是指一个产品色彩外观的基本倾向。

一个作品中虽然使用了多种颜色，但总体有一种倾向，是偏蓝或偏红，还是偏暖或偏冷等。我们通常从色相、明度、冷暖、纯度四个方面就可以定义布艺作品的整体色调。

色调可分为暖色调（见图 2-8）与冷色调（见图 2-9），冷、暖色调与人们在日常生活中的体验有关。

暖色调多包含红色、黄色和橙色等，很容易让人联想到一些在生活中带给人们温热印象的物象，如太阳、火焰、热血。而冷色调多包含青色、蓝色、灰色等，也让人自然地想到蓝天、冰川、湖水这样一些在生活中带给人们冰冷印象的物象。

当然，冷暖色调也不是绝对的，例如，在黄色色系中，把中黄与柠檬黄放在一起，相比之下中黄就是暖色，柠檬黄则被看作冷色；又如，把柠檬黄与紫罗蓝放一块，柠檬黄就是暖色。

因此，色调对于布艺产品想呈现的效果非常重要。

图 2-8　暖色调　　　　　　　　　　　　　图 2-9　冷色调

二、色彩的感情

从心理学范畴来探讨，不同的颜色能够带给人不同的心理反应和感受。红色带给人热情、活泼、张扬的心理感受；而作为红色对比色的蓝色，会给人们带来冷漠、理性、内敛的心理感受，与红色正好相反。在心理学上，我们还可以以颜色的喜好来判断人的性格倾向。

1. 红色

红色的色感非常温暖，与火焰、血液的颜色一样，如图 2-10 所示。红色很容易引起人的注意，也很容易让人产生兴奋、激动、紧张、冲动的情绪，大面积地使用红色容易造成视觉疲劳。由于红色在我国古代象征喜庆，因此很多婚庆、民俗庆典中常常会大量使用红色。此外，人们在民间布艺中也不吝使用红色。

和红色适宜的配色是黑色、蓝色、白色。

图 2-10　红色的色感

2. 黄色

黄色给人一种高贵、高傲、敏感的感觉，并且具有扩张和不安宁的视觉印象，黄色的色感如图**2-11**所示。黄色在色彩中是最为"娇气"的颜色。因为在纯黄色中混入少量的其他颜色，它的色相感和色性格就会很容易发生变化。黄色是古代帝王的专有颜色，同时也代表了黄金和财富。黄色和光明相关，黄色可以帮助人们唤起内在的自尊和喜悦，战胜忧郁的情绪。

和黄色适宜的配色是褐色、蓝色、灰色。

图 2-11　黄色的色感

3. 蓝色

蓝色可使人联想到广阔的天空和大海，常为衬托其他色彩而存在，能为那些活跃、具有较强扩张力的色彩提供一个深远的包容空间，蓝色的色感如图 **2-12** 所示。同时，蓝色可以让人平静，还可以帮助人们缓解头痛、失眠等紧张的情绪。尤其是蓝色在淡化后仍能保持较强个性。即使在蓝色中分别加入少量的红、黄、黑、橙、白等颜色，也不会对蓝色构成较明显的影响。蓝色不像红色那么"张扬"，也不像黄色那么"娇气"，它是一种具有"男性特征"的色彩。普蓝、群青、钴蓝、天蓝、浅蓝、蓝绿，不同纯度和明度的蓝色很容易与其他色彩形成搭配。

和蓝色适宜的搭配色是白色、橙色、玫瑰红。

图 2-12　蓝色的色感

4. 绿色

绿色是非常富有生机的颜色，给人的第一感觉就是新生、健康、青春，容易让人马上想到茂盛的植被和强劲的小草，绿色的色感如图 2-13 所示。绿色给人的感觉最为平和、安稳，有柔顺、恬静、满足、优美的意味。此外，绿色也有帮助人们克服消极和疲劳的功效。

和绿色适宜的配色是驼色、蓝色、红色。

图 2-13　绿色的色感

5. 白色

白色有非常高的明度，给人一种特别光明、纯洁、单纯的感觉，白色的色感如图 2-14 所示。看见白色时，我们总联想到白雪、云朵、棉花，所以白色给人以轻盈、纯洁、安宁的心理感觉，白色代表不容侵犯的圣洁。如果在白色中掺入一点其他任何颜色，都很容易影响其纯洁性。

白色是百搭的颜色，可以说是万能色。

图 2-14　白色的色感

6. 紫色

紫色是低明度的颜色，常常给人一种神秘和沉闷的感觉，紫色的色感如图 **2-15** 所示，紫色充斥着一定的安全感，所以对于心脏、神经系统和淋巴系统有一定的抑制作用，可以均衡人体内的钾元素。红色和蓝色可以调和成紫色，紫色是一个不容易搭配的色彩，特别是其他色彩混入紫色的话会极大地改变原来色彩的色相。紫色是一个强势的色彩，具有一定的侵略性，在古代它是权贵的象征。

紫色和白色搭配可以营造出梦幻感。

图 2-15　紫色的色感

我们在设计布艺产品的时候也应该针对我们的预期目标，结合颜色带给我们的心理感受，来进行色彩的最终选择，图 **2-16** 所示为不同色彩的展示。

图 2-16　不同色彩的展示

三、色彩的搭配

要想设计优秀的布艺作品，不可缺少的元素与表现形式就是正确的色彩搭配。色彩搭配实际上是对色彩中规律的运用与洞悉。例如，在平面设计中，正确的色彩搭配不仅可以丰富版面样式，还能充分传递设计的主题情绪，加强人们对主题的理解，促使我们更好地传达信息。因此，我们也必须掌握色彩搭配的方法。色彩随着搭配的变化可以改变布艺产品带给人们的情绪，甚至可以唤醒人们的情感，在一定程度上影响人们的行为。从色彩学研究的角度来说，世界上有无限的色彩，也有无限的色彩搭配。下面将对一些基本的色彩搭配原则进行介绍，作为我们在设计布艺产品时的参照。

1. 色彩搭配黄金法则

日本一个著名的设计师提出了 70%、25%、5% 的色彩黄金法则，如图 2-17 所示。通常每个布艺产品的色彩最好不要超过 3 种颜色，即指 3 种色相中，主要色彩占比 70%，次要的辅助色彩占比 25%，点缀的色彩占比 5%。另外，按照色彩的规律，颜色用的越少越好，会让作品呈现出更加简洁、成熟和容易把控的感觉。但是，这不适合所有的情况。例如，对于许多体积小的布艺装饰品而言，为了让整个作品的层次显得更加丰富，我们可以不必遵循这个原则。

70%、25%、5% 的色彩搭配黄金法则几乎在任何时候、任何地点都适用。世界上最好的设计几乎都没有脱离这个法则，这虽然看似简单，但往往会被我们忽略。

图 2-17　色彩搭配黄金法则

2. 同类色搭配法则

同类色搭配是指同一类颜色相互搭配，但深浅、明暗不同。比如，青配天蓝，墨绿配浅绿，咖啡配米色，深红配浅红等，同类色搭配使得布艺产品看起来显得更加柔和、文雅。

同类色搭配法则是指我们在设计布艺产品时可以利用同一类色相进行配合。这里虽然提到利用单一色相，但是不要担心产品会变得单调，因为即使是同一色相也可以在明度和饱和度上做出无数种变化和组合搭配，依然可以呈现非常丰富的层次，如图 2-18 所示的布艺产品。并且，与利用多种色相的情况相比，这样的搭配能让布艺产品显得素雅、纯净。不同产品之间也非常适合组成一整套、一系列产品。将某一色相的不同纯度和明度混合搭配，再综合布艺产品的面料和图案形式，会产生意想不到的效果。

另外，为了扩展单一色相产品的丰富度，我们还可以将它与非彩色的黑、白、灰搭配，这样也不会影响整个产品的协调性。

与色相丰富的产品相比，同类色相还可以通过改变材质、图案等方式，来呈现更多的效果。例如，不同质感的同一色相面料也会产生视觉效果的差别，尤其是在布艺产品上用心设计的各不相同的图案也能使不同产品的差异性变大。

利用同类色相进行搭配具有平衡感，并且具有视觉上的吸引力。但缺点在于缺乏一定程度的活力，容易给人带来单调的感觉。

图 2-18　同类色搭配的布艺产品

3. 邻近色搭配法则

邻近色是指在布艺产品上应用类似的颜色，即色环上相互邻近的颜色。在应用这种搭配法则时，我们可以选择一个色相的颜色作为主色，另外选择一个或几个邻近色相的颜色作为辅助色。与统一的单一色相相比，这样的搭配会使层次更加丰富。色彩上的细小变化，甚至会在冷暖色上带来较大的变化。例如，选择红色中的橙红色及蔓红色就会呈现这样细微的冷暖差别。将这类颜色并列在一起使用会产生平衡的效果。其整体原则就是选择某一色调的颜色为基础，再在其中选择临近的颜色进行变化，或者在一些细枝末节的部分使用其他类似色调，最终让布艺产品在具有变化性的同时，又具有稳定性，给人带来放松、随意的感受。

使用邻近色搭配法则进行布艺产品设计的优点在于，同一产品中包含变化，而变化中又掺杂统一，能够呈现出平衡、稳定又不失变化的样子。比如，图2-19中的口金包设计，这件作品主色使用柠檬黄，配色使用中黄、褐色、橙色，这是一个典型的临近色搭配的布艺设计。但其缺点和同类色搭配法则类似，缺少对比色搭配的那种变化性，相对来讲，在一定程度上还是有些单调。我们在选择颜色的时候不应使用过多的颜色，最好还是遵从设计的色彩黄金法则，维持整体和谐的形象。

图2-19　口金包设计

4. 对比及互补的色彩法则

在色彩搭配中有两种常见的搭配方式：一种是类似色的搭配，另一种是对比色的搭配。对比色的搭配是两个在色环上处于相对位置的颜色相互搭配（色相环上相距为120°或180°的两种颜色）。我们一般在需要营造那种活泼、有动感的布艺产品时，才会选择红与绿、蓝与绿这种补色进行搭配，以增强视觉效果，使作品更有冲击力。

对比色的首要特点在于非常吸引人，对比非常鲜明。但问题也随之而来，如果我们选择差别非常明显的两种高对比色，那么在两种颜色的交接边缘，会有不和谐的效果。解决这个问题的办法在于，首先我们在色彩处理时可以尽量降低两个对比色的纯度，或者加入无彩色黑、白和灰进行调节，或者调整主色与辅色的面积比例来降低这种由于强对比带来的不协调性。

所谓互补色，是在色环上处于180°相对位置的色相组合。与对比色比较的情况下，互补色对比更加突出和强烈，甚至可以视为对比色的升级版。

互补色搭配法则可以衍生出非常多的色彩搭配方式，例如，分离的互补色搭配法。这种搭配方法首先要遵循互补色搭配法则，在此基础之上，选择某一色相作为主色，之后再选择这一主色的两个相邻的补色，增加色彩的多样性。这样采取一种相对缓和的方式来应用互补的搭配法则，可以避免两种布料相互强对比造成的巨大反差，让彼此之间的差异性减弱。

分离的互补色搭配法的应用非常多。例如，我们可以在布艺产品上使用绿色作为主色，其对应的补色是红色，但是我们转而选择红色的两种相邻颜色，如橙色及紫红色，这样不仅突破了两种颜色的强烈对比，还用三种颜色的方式增加了布艺产品的丰富性。

对比色彩搭配法则和互补色彩搭配法则最大的优点在于色彩对比更加强烈，更能在一瞬间吸引人们的眼球。这类色彩组合搭配在一起，还可以通过色相、冷暖、明度、纯度、强调色等手段表现色彩的视觉冲击力，同时也能表达有力、刺激、不浪费、洗练、清晰、充实、华丽的情感色彩。互补性配色营造出来的力量感和对立感，完全没有一丝暧昧的感觉，坚定而又明了。

图 2-20 所示的大象作品采用了很多高纯度色，玫瑰红、紫色、柠檬黄、大红、翠绿，这些高纯度的色彩搭配在一起，突显了布艺作品温暖、亲切的特质。同时，布料满地花的图案中和了色彩的碰撞，多个高纯度色彩在一起不会过多产生冲突感。但它也存在一些缺点，即产品本身的色彩搭配难以达到平衡。这时我们需要引入新的办法来解决这个难题，即适当地通过改变各个色彩的面积来缓和这样的色彩冲突。

图 2-20　大象作品

第三节　布艺的材料研究

现代布艺材料多种多样、性能各异，其本身就具有很强的实用价值与审美价值，利用布艺材料可以直接营造出不同风格和氛围的家居空间。在布艺产品的实际应用与表现中，布艺材质的选择至关重要，有时色系相同但质感不同的布艺材料呈现出的风格和氛围也是迥异的。

所以，布艺材料的运用和选择是我们不能避免的重要环节之一，需要我们将材料的一些相关差异化特征最终会给设计的布艺产品产生的影响考虑在内。例如，布料的手感、颜色、观感、厚薄等因素，会直接影响布艺产品最终成品的艺术性及实用性。一个好的设计，必须考虑产品将要选择的材料，否则仅仅注重布艺产品的造型及颜色搭配，最终的成品可能会和我们所预料的迥然不同。布艺产品常用的材料包括面料及辅料，其中辅料也可以称为辅助材料。

一、布艺面料

面料是布艺产品最主要的组成部分，不仅可以诠释布艺产品的风格和特性，还可以决定整个布艺产品色彩、造型的最后表现效果，直接影响我们的情绪感受。布料其实有多个含义，从布料的材质角度来讲可以称作纺织面料。纺织面料尽管种类繁多，但大致可分为三类：天然纤维、化学纤维和人造纤维。

纤维是一种天然或人造的细长物质，无论何种纤维，都必须经过纺纱再织成布的过程。天然纤维是用植物和动物原料加工而成的，如棉、亚麻、苎麻等由植物纤维加工而成；羊毛、山羊绒、驼毛、兔毛、蚕丝等由动物原料加工而成。人造纤维则是用化学纤维加工而成的，如人造丝、涤纶、锦纶、粘胶、腈纶等物质。

1. 天然纤维面料

天然纤维是指从自然界存在的植物、动物以及矿物中获得的纤维，包括植物纤维、动物纤维及矿物纤维等，例如，棉花、亚麻、苎麻等属于植物纤维，主要成分是纤维素，是由碳、氢、氧三元素组成的高分子化合物。在纤维素分子中存在大量的亲水基（羟基），因此具有良好的吸湿性，以这类纤维为面料制成的布艺产品手感更加舒适。蚕丝、羊毛、山羊毛、兔毛、骆驼毛等都属于动物纤维，主要成分是由碳、氢、氧、氮四种元素组成的高分子化合物——蛋白质构成的。这类纤维弹性都比较好，织物不易折皱，也不惧怕酸的侵蚀，但无法承受碱性物质的腐蚀。天然纤维大都具有良好的物理化学性能，例如，手感柔软、吸湿性强、通气性好、染色性能好等，因此受到人们的喜爱，也可以作为我们设计布艺产品的首选。下面将从这三类中挑出代表性的布料进行介绍。

① 纯棉面料

纯棉面料的原料通常是棉花，含棉率非常高，只有含棉率 70% 以上才能被称为纯棉，图 2-21 所示为棉布料制品。纯棉布料不仅手感舒适，而且花型品种变化丰富，柔软暖和，吸湿性强，耐洗，带静电少，床上用品通常采用纯棉材质；但它易起皱，易缩水，弹性差，耐酸不耐碱，不宜在 100 摄氏度以上的高温下长时间处理。

图 2-21　棉布料制品

② 麻类面料

麻是从各种麻类植物中取得的纤维，包括一年生或多年生草本双子叶植物皮层的韧皮纤维和单子叶植物的叶纤维。它可分为大麻、亚麻、苎麻、黄麻、剑麻、蕉麻、洋麻、罗布麻等多个种类。大麻纤维制成的纱线、服装及各类饰品具有拉伸强度高、保形性好、吸湿性好、抗菌和抗静电能力强、对染料的吸附性能好、防紫外线辐射能力强、产品生产安全环保等特点。亚麻纤维是人类最早使用的天然纤维，是天然纤维中唯一的束性植物纤维，具有天然的纺锤形结构和独特的果胶质斜边孔，由此产生的优良的吸湿、透气、防腐、抑菌、低静电等特性，使亚麻织物成为能够"自然呼吸"的织品，因此也被誉为"纤维皇后"。又因为亚麻是一种稀有天然纤维，仅占天然纤维的 1.5%，故而亚麻产品价格相对昂贵。

与纯棉面料相比，麻类面料表面没有那么平滑，具有生动的凹凸纹理，摸上去有粗糙感，质感明显更具个性，让人产生返璞归真的心理感觉，深受国内外用户的喜爱。图 2-22 所示为亚麻类面料制品。

麻和丝绸的搭配，会有种细腻与粗糙的质感对比，能增加布艺产品的造型美感。

图 2-22　亚麻类面料制品

③ 丝织物面料

丝织物包括蚕丝、柞蚕丝和人造丝等。丝织物的特点是比较轻薄，并且外观轻柔典雅，从古代开始就一直用来制作高档服装，是富贵的象征。丝织物的优点在于色泽鲜亮，并且质地柔软、滑爽，垂感好，耐酸，吸湿性强，弹性好；缺点在于容易起皱、勾丝，不能承受长时间日晒，也不耐碱性物质。

真丝面料是相对于仿真丝绸面料而言的，一般指蚕丝，包括桑蚕丝、柞蚕丝等许多种类。它本身是一种相当昂贵的面料，广泛用于服饰以及家具中，以舒适、透气和不好打理闻名。它的亲肤性是所有其他面料都无法比拟的。丝织物面料制品如图 2-23 所示。

④ 毛织物面料

毛织物以羊毛、特种动物毛为原料或以羊毛与其他纤维混纺、交织的纺织品。毛织物中的毛即毛料、毛纱，包括羊毛、羊绒、兔毛等其他动物绒毛经现代纺纱工艺技术制作成的各种毛料和毛纱。毛织物中纤维的特点在于比棉纤维粗长，并且大多数毛纤维面料的特点是柔软保暖，具有一定的弹性，同时光泽自然、柔和。当然，制作的处理方式等因素与面料的好坏有关。毛织物面料制品如图 2-24 所示。

图 2-23　丝织物面料制品　　图 2-24　毛织物面料制品

2. 化学纤维面料

现阶段，消费者对于面料的选择已经向功能型、舒适型、环保型方向发展。因此，市场上涌现了大量采用差别化、功能化、超细化、复合化、环保化的新型纤维。如以功能性为主的抗紫外线纤维、抗菌防臭纤维、阻燃纤维、导电纤维等也进入了人们的视野。根据原料来源的不同，化学纤维可以分为：人造纤维，以天然高分子物质（包括纤维素等）为原料，如粘胶纤维等；合成纤维，以合成高分子物为原料，如涤纶等；无机纤维，以无机物为原料，如玻璃纤维等。由人造纤维加工成的纯纺、混纺或交织物也是制作布艺产品的上佳选择。化纤织物的特性由织成它的化学纤维本身的特性决定。

① 涤纶

涤纶是世界产量最大，应用最广泛的合成纤维品种，涤纶占世界合成纤维产量的 60% 以上。大量用于衣料、床上用品、各种装饰布料等纺织品以及其他工业用纤维制品，如绝缘材料、过滤材料、传送带等。

② 粘胶纤维

粘胶纤维是粘纤的全称，是从天然木纤维素中提取并重塑纤维分子而得到的纤维素纤维。粘胶纤维是地道的植物纤维，具有光滑凉爽、透气、抗静电、防紫外线、色彩绚丽、染色牢度较好等特点。粘胶纤维的吸湿性符合人体皮肤的生理要求，其具有棉的本质和丝的品质。当我们需要制作一些与身体接触范围比较大的布艺产品时，粘胶纤维是非常好的选择。

③ 腈纶纤维

腈纶纤维学名为聚丙烯腈纤维，是以丙烯腈为主要单体与少量其他单体共聚，经纺丝加工而成的纤维。它的主要特点是外观、手感、弹性、保暖性等方面类似羊毛，所以有"合成羊毛"之称。腈纶纤维的用途广泛，原料丰富，发展速度很快，现已成为三大合成纤维之一，其产量仅次于涤纶和尼龙（锦纶）。

3. 人造毛皮面料

人造毛皮的特点是织物手感厚，柔软。根据品种不同，主要用作大衣面料、服装衬里，还用来制作衣领、帽子等。将人造皮毛适当应用于布艺产品上也会产生非常惊喜的效果，人造毛皮面料制品如图 2-25 所示。

图 2-25　人造毛皮面料制品

二、布艺辅料

布艺辅料主要用于增加布艺产品的装饰性，它能够让布艺产品的效果更加丰富。布艺辅料分为装饰性辅料以及实用性辅料两种。

装饰性辅料主要是指在布艺产品上没有实用功能，但起装饰性作用的材料，例如丝带、珠片及花边等。由于人们生活质量的提高及需求的升级，装饰性材料的种类也一直在增加，并且其作用也越来越突出。很多时候只要简单、灵活地运用一些绸带、花边和缀饰等装饰性辅助材料，就能达到锦上添花的作用，甚至可以完全改变一个布艺产品想要呈现的最终效果。

功能性辅料是指具有实用功能的许多辅料。例如可以充当填充料的天然纤维以及化纤类填充料。这类天然纤维包括羽绒、蚕丝、棉絮和羊毛绒等，可以放入布艺产品之中起填充和支撑的作用。这些填充料具有防静电、透气性好等特性。化纤类填充料包括涤纶、纺丝棉、保丽龙泡沫粒和腈纶等，它具有不易回潮、不易虫蛀和价格比较低的特点。此外，还有许多其他的辅助性材料，例如紧扣性材料（包括拉链和纽扣等）、里料、衬料和线类材料等。在成品的缝制过程中，手工艺人可根据面料的花纹或颜色来选择合适的功能性辅料。

主料和辅料应该是相互依存、两相并重的关系，即使辅料在整个布艺产品中的占比没有那么大，但选择不当还是会影响整个产品的效果。例如，将棉布和化纤面料做拼接处理，由于它们的缩水率相差很大，洗了之后就会导致产品的变形。

三、布艺面料纹样

布艺产品本身的面料图案对于最终产品呈现的效果有至关重要的作用。

面料表面的纹样不仅仅决定人们第一眼看见它的感受，同时还能决定整个布艺产品的风格。经过长时间的搭配和尝试，纹样最终演化出了不同的图案风格。在许多经典传承的风格中，我们还可以解读出当时所处的时代风格、审美取向、发展趋势等。为了使布艺产品更具丰富性，人们选择不同类别的纹样交叉使用，来营造新颖性。实际上，面料上图案的分类方式依据不同的分类标准有很多种。以我们国家为例，依据不同民族遗留下来的图案来分类，可以划分为藏族风格、满族风格和苗族风格等；依据不同历史时期来分类，还可以划分为清朝时期、明朝时期以及元朝时期等风格。

下面，我们将从图案类型分类方式对布艺面料的图案进行介绍。

1. 花卉图案

花卉图案（见图 2-26）应该是应用最广泛的图案。它取材于大自然，在设计者的大量应用中又被不断地改造和升级，可以适用于绝大多数设计风格。花卉图案受到大自然中无数真实的植物的影响，拥有各种各样的颜色和形状变化。花卉图案的取材范围广，形态变化的空间大。例如，花型本身的形态、应用花型的种类、不同花型的排列构图、花型排布的疏密程度所呈现的不同感受，都让花卉图案拥有一种千变万化的魔力。

一般情况下，花卉图案有两种图案风格：写实花卉和写意花卉。无论是写实风格还是写意风格，在遵循基本的美学法则的基础上，最终都能呈现非常生动的美感。需要注意的一点是，在花卉图案设计上，要注意突出层次感，即从花卉图案的大小、构图位置及复杂度等方面考虑，达到主次分明的效果。

图 2-26　花卉图案

2. 动物纹样

在我们的传统文化中，经由我们祖先的发挥创造，不仅为许多动物赋予了与众不同的代表意义，还能动地创造了许多并不存在的动物种类，例如，龙与凤。并且龙是人们心目中尊贵、权势的象征，自古以来，天子就以"龙"自称。凤是人们心目中代表吉祥的鸟类，象征天下太平。另外，现实中存在的类似鹤、鸳鸯、孔雀等动物都被我们的祖先赋予了各种吉祥的意义。这样的动物纹样，不仅具有本身形态的装饰作用，而且承载了非常深刻的意义，具有中华民族传统文化的底蕴。在生活中常见的一些鸟类、昆虫类、鱼类的纹样（见图 2-27），都传达出一种由于动物本身特性所带来的生机盎然的效果。将它们进行有设计感的排布，就可以产生独特的纹样效果。

图 2-27　鱼纹样

3. 几何纹样

几何纹样是现代设计中不容忽视的组成部分。早在包豪斯学校的课程中，就产生了平面构成理论为其发展提供依据和方向。几何图案的点、线、面在现代主义兴盛时被应用到了极致。它是抛弃装饰主义时期的产物，是对于各种繁复装饰的一种反击和纠正。简单的几何图案是简洁风格的代表。

实际上，几何图案（见图 **2-28**）并不仅仅始于现代主义风格，它还存在于我们生活的各个方面，只是到了现代主义时期被推向了高潮。这与几何图案本身十分简单以及适当组织就可以形成漂亮的图案有关，也和古代手工艺的作业方式相契合。在现代生活中，几何图案的应用更加广泛，在如今科技高速发展的时代，各种智能化软件都能为几何图案的设计贡献力量，并且显示出一定的工业感和机械感。

图 2-28　几何图案

4. 肌理纹样

肌理是质感的近义词，由于物体的材料不同，表面的排列、组织和构造各不相同，因而物体表面产生了不同的纹理，有的是光滑感，有的是粗糙感，还有一些软硬感等。肌理分为视觉肌理和触觉肌理，肌理能让人产生各种心理感觉，能加强物体造型形象的作用与感染力。

人们对物体表面的感受基础一般是触觉，但由于人们感受物体的长期体验，很多情况无须动手触摸，就可以在视觉上发现质地的差别。这样的感受我们称之为视觉肌理。视觉肌理是一种用眼睛去观察得到的肌理，例如屏幕上的花纹或条纹等。

触觉肌理一般是通过工业加工方式，例如雕刻等得到的立体肌理，人必须亲自触摸之后才能感觉到。

面料中的肌理主要来源于不同的织造原材料和织造方式。例如，生活中常见的丝网、蕾丝等面料的肌理就来源于它们特别的织造方式；而毛纺织品手感温暖而毛躁，这和它来源于羊毛等原材料息息相关。不同的肌理纹样同样也能为布艺产品带来不同于一些纯粹现实图案的神秘感和心理感触。

四、布艺面料花型搭配法则

布艺面料的花型是指纺织品呈现出的花纹以及色彩的设计，它是经过花型的设计和进行印花工艺加工处理之后所表现出的独特纹样。布艺面料花型搭配一直都是能够决定布艺产品风格的重要因素。布艺面料的重要构成因素是花型，一款设计非常好的花型能给人带来视觉和心灵上的享受，它直接影响布艺产品最终的价值和情趣。

我们在布艺产品设计的过程中，通过不同题材花型的搭配，可以组成风格迥异的图案。再综合我们在色彩设计方面的原则、面料材质等基本元素，就能让我们的布艺产品深入使用者的内心。

1. 花型的分类

① 按面料花型大小划分

花型按照大小可以分为三种，即大花型（见图 2-29）、中花型（见图 2-30）及小花型（见图 2-31）。大花型可以是大花、大格或大点的纹样，其主要特点是花型奔放、醒目；中花型是相对于大花型来讲更加寻常的花型，其特点是稳定和朴素；小花型的图纹具有典雅和温馨的特点。

图 2-29　大花型　　　　　图 2-30　中花型　　　　　图 2-31　小花型

② 按面料花型的分布面积划分

按照花型在面料上的分布面积，花型可分为满地彩花型和清地彩花型。满地彩花型是指大面积布满花纹图案的样式，表现出热闹、充实多彩的面料外观。而清地彩花型是指花色与底布的关系非常明确，表现出清明和轻柔的特点，俗称"清水花型"。

③ 按面料的花型色彩划分

按照面料的花型色彩，花型可以分为一套色、两套色及多套色的面料，也可以根据另一个划分标准分成鲜色调和灰色调面料或浅色调和深色调面料等。

面料色彩的不同应用方案，也会产生非常大的差异性，是整体显示出或轻盈、或稳重、或宁静、或优雅的效果。颜色的不同选择也分别适合不同的场景，这些都是我们衡量的因素。

2. 花型的搭配原则

① 花型对比原则

花型可以从花型大小和花型颜色两个方面进行对比。既可以单独采取其中一方面，也可以选择两方面都涉及。例如，我们可以将大花型和小花型组合在一起进行设计，如图 2-32 所示，或者将中花型与其余两种分别组合，无论怎么组合都有它存在的道理。另外，从花型颜色的对比着手，也可以衍生出很多种不同的方案，例如，红色纹样花型与黄色纹样花型进行搭配组合，当两者应用面积不同时，可以分别产生阳光普照或星星闪耀的感受。

图 2-32 大花型和小花型的组合

② 协调原则

协调原则是指花卉图形或色彩十分相似的原则。遵循这样的原则，可以保持整个布艺产品的协调性和平衡性，不用费尽心思去协调不同花型带来的差异性。另外，在设计上遵循这个原则，布艺产品产生的效果会更加符合我们的相似性意愿。

布艺产品系列可以利用色彩的近似性产生协调性，如图 2-33 所示。

图 2-33 色彩的协调性

布艺产品系列可以利用花型的近似产生协调性，如图 **2-34** 所示。

图 2-34　花型的协调性

③ 花型同族原则

花型同族原则是指在设计过程中，选择同一主题不同种类的花型进行搭配，进而产生相互呼应、相互对照的效果，达到相同之中存在差异，不同之中存在相同的效果，例如图 **2-35** 所示的千鸟格纹图型族和水玉波点纹图型族。

利用隶属于同一主题家族的不同花型，相互点缀、相互衬托，在细微的不同之中创造整体和谐的氛围，例如图 **2-36** 所示的同族花型。例如，不同种类与大小的波点纹搭配在一起。再如藤花家族，我们可以选择造型一致但大小色彩有区别的大藤花和小藤花进行拼搭组合。我们还可以运用大藤花来充当主要面积的图案，然后利用小藤花来填充边角或空白部分。

图 2-35　千鸟格纹图型族和水玉波点纹图型族　　　　图 2-36　同族花型

当我们将花型面料与其他面料相互组合搭配设计时，我们可以以花型中某一占主要面积的花型颜色作为与其搭配的布料颜色选择基准。例如，在布艺产品的某一部分应用了粉色图案，可以依据这个粉色调来选择相应的色彩进行搭配。

第三章

民间布艺手工技法

第一节　民间布艺刺绣

刺绣是一门古老的手工制作艺术，在中华大地上流传至今已有两三千年的历史，是中国手工艺术史上一颗璀璨的明珠。刺绣是以绣针牵引彩线在织物上设计绘制图案和纹样的方式。在两三千年的历史中，刺绣因技法、工艺和用途的不同有不同的名称。因刺绣主要以针作为工具，所以人们也把它称为"针绣"；因刺绣在民间日常生活中所绣花鸟题材居多，所以又把它称作"扎花""绣花"；又因刺绣多属于女子的劳作范畴，所以在很多时候提到"女工"，浮现在我们脑海的第一个词就是刺绣，刺绣成为了"女工"的代名词，是"女工"文化的重要代表。

刺绣发展至今，已经产生了多种优秀技法和风格流派，风格迥异，经久而不衰。刺绣有着民艺学、民俗学、手工艺、历史学、艺术史、造物史、女性学等多方面的文化艺术价值，是我国优秀传统文化在世俗生活中的具体体现，刺绣保留着的民俗民风堪称活的民俗志，更是我国物质文明的历史见证。它独特的技艺特征、文化内涵以及象征意义，都深深体现着浓厚的民族精神与传统文化气息。

一、刺绣的起源

刺绣起源于人类原始社会，来自于人类最原始的对于美的本能追求。从岩画中，我们就可以看见那时的人类常用纹身纹面来对身体进行装饰，但是很快人们就发现画上去的花纹沾水或触碰之后容易脱落，牢固性非常差。往后出现纺织品，有了衣服之后，人们发现将线缝制在织物上就没那么容易脱落，于是就开始用针线在衣服布料上制作各种图案作为装饰。这些图案的形式来源于原始崇拜，一般都是日、月、星辰、水、火等纹样，寄托着原始人对自然的敬畏以及对美好生活的希冀。

最开始因为技术不够成熟，有些纹样绣不出来，于是人们将绣和画一起使用，绣一部分之后用笔沾着颜色填色，后来慢慢发展成只用"绣"一种方式。并且刚开始是先绣图案再用颜料染色的，之后工艺越来越精湛才衍生出了各种高超的刺绣技巧。

1. 春秋战国时期的刺绣

春秋战国时期，随着农业技术的进步，人们更加普遍地种植桑、麻，这就为后面纺织业的兴起打下了物质基础。男女的劳动分工更加明确，女性有大量的家庭劳作集中在纺纱织布，刺绣有了它的第一个辉煌时期。

当时的绣法都是比较单一的辫子股针，也称锁绣，表现对象主要以龙、凤等走兽纹样（见图 3-1）和水、火、云纹等自然纹样为主。湖北江陵马山硅厂一号战国楚墓出土的绣品有对凤纹绣、对龙纹绣、飞凤纹绣、龙凤虎纹绣禅衣等，都是用锁绣针法绣制的。锁绣针法针脚整齐，色彩搭配淡雅出尘，线条蜿蜒流畅，经过古代楚人大胆的艺术想象和再创造，将这些奇珍异兽的自然形态表现得气韵生动，活泼有力，富于形式美感，充分显示出战国刺绣艺术之高妙，其艺术成就与现代装饰绘画艺术相比不遑多让。随着纺织和染色技术的提高，这种较为复杂的刺绣工艺在社会化经济中逐渐被织、染工艺所取代，于是刺绣开始更多地在民间发展起来。

图 3-1 走兽纹样

2. 秦汉时的刺绣

到了秦汉时期，社会农业生产和手工业生产日益繁荣，纺织工艺有所提高，开始出现了专业的刺绣艺人，术业有专攻，这促进了刺绣工艺的精进与发展。日常生活中刺绣的应用范围进一步扩大，不仅常常在服饰中见到刺绣，而且在居家日用品中亦可见到刺绣的踪影，刺绣还被广泛地用来装饰宫室、车舆、帐帷等。这些史实可以以 1972 年湖南长沙马王堆西汉墓出土文物为证，长沙马王堆出土文物中发现了大批绣品（见图 3-2、图 3-3 和图 3-4），品种繁多，很好地佐证了汉代刺绣的工艺水平和艺术成就。汉代绣品多用云纹、卷草、瑞兽等图案。

汉末佛教开始盛行，刺绣的创作对象新增了"佛像"这一主题，并且非常流行，继而以人物形象为创作对象的刺绣也随之出现（魏晋时期的创作对象扩展至祈愿文字、人物、山川自然、星辰天象等题材）。典型的汉式刺绣有信期绣、长寿绣、乘云绣、茱萸绣、梅花绣、棋纹绣、铺绒绣等。其在工艺上仍以锁绣为主，同时平绣类针法也更加完备，此外还出现了擘绒技法，以及几种颜色相间、有浓有淡的配色技艺，以表现晕染渐变效果。

图 3-2 西汉褐色绢地树纹铺绒绣片

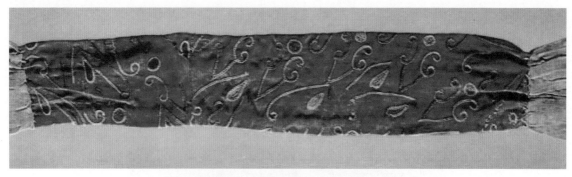

图 3-3　东汉刺绣——云纹袜带

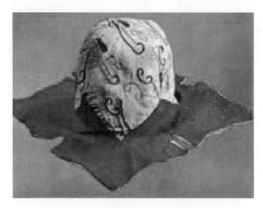

图 3-4　东汉刺绣——云纹粉袋

3. 唐代刺绣

唐代的绘画艺术非常兴盛，这使得刺绣工艺的应用也更为广泛。且这时的刺绣工艺已经发展得非常高超，纹样题材也更加宽泛，绣制的作品已经非常细致精美。当时的刺绣用作服饰装饰，粲然可观，有刺绣的服饰也更加昂贵。唐代佛经和佛像绣作十分盛行，史载武则天令绣佛像四百余幅，赠予寺院及邻国。

从唐代开始，刺绣的发展方向趋向于工艺技巧和艺术审美的融合，唐代刺绣从生活用品的实用性和艺术品的观赏性两个方向发展。刺绣针法除了传统的辫绣外，还采用了平绣、打点绣、晕裥绣、蹙金绣等多种针法，刺绣的底料也不再局限于锦帛和平绢。此外，唐代还创造性地运用金银线盘绕图案的轮廓来加强绣物的立体感，使绣出的图像更具真实性。刺绣与彩绘、金银线绣、珠绣、印染等相结合应用在服饰上，华美无比。在佛经和佛像绣方面，刺绣长于分层退晕戗针方法上色，可以表现出深浅明度不同的色彩渐进变化，具有浓郁而富丽堂皇的装饰效果。

唐代刺绣花树孔雀图（见图 3-5）收藏于日本正仓院。织物为紫色，上面是一只孔雀，平针推晕法用在孔雀的羽毛、尾巴和花草上，且色彩丰富，所用的色线有白、黄、红、紫、绿、海蓝等。还有一棵绣花树在孔雀下面，使得整幅绣面宁静自得。绣法上以平针和锁绣相结合，并且这幅刺绣已应用到了双面绣的方法。

图 3-5　唐代刺绣花树孔雀图

唐代百纳袈裟（见图 3-6）出土于敦煌千佛洞，收藏于大英博物馆。这件百纳袈裟上的绣件十分精致，当中的花瓣以平针推晕法绣成，这种长短针相接的绣法开启了后代画绣之先河。

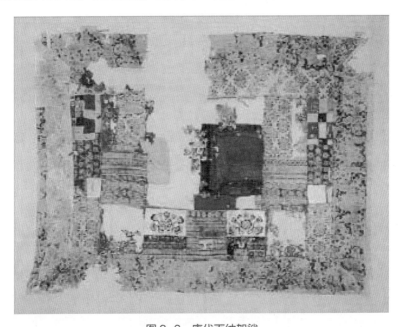

图 3-6　唐代百纳袈裟

唐代刺绣弘忍像（见图 3-7）现存大英博物馆，从新疆伊犁出土。弘忍像是钉物绣的典型代表，这件作品先用锁绣法绣出忍冬图纹，再把珍珠串连，并盘缀在图案上，外围用金珠盘成联珠图纹。

图3-7 唐代刺绣弘忍像

唐宋时期，刺绣业逐渐繁荣，越来越多的人开始喜爱或从事刺绣工艺，很多文人画家也广泛参与其中。因此不仅催生了中国女红的代表品种——闺绣，还产生了画家提供画稿、专门的绣工艺人来刺绣一起完成的画、绣结合的画绣。文人画家的广泛参与推进了刺绣针法的创新与发展。例如，为了使线条的表现更加细腻真实，绣工艺人们开始把原本就已经很细的线劈成更细的丝缕，甚至比绢地的丝线还细，这样可绣出更加精细的部位。这就使得原本10针可以铺满的地方，现在需要20针甚至30针，但是质感和效果都更加完美。

在针法上也出现了更多花样：乱针、钉线、圈金、掺针、滚针、接针绣等。还出现了最原始的"画+绣"的方式，在绣好的刺绣上，用笔加绘，细致入微，使整个刺绣作品更有空间感，有主次轻重之分，更加符合人们的审美习惯。由于各种针法的特点不同，还分别用来绣不同的内容：多姿多彩的唐草花用平针退晕的针法绣制，花草叶的轮廓线条用钉线绣加深，鸳鸯用金银线盘绣，使得整体画面更加生动、立体、典雅、醒目。一系列的改变使得唐代刺绣更加精美、完善。

4. 宋代刺绣

正如宫廷绘画一样，宋代刺绣的突出成就是宫廷刺绣，它的绝美离不开宋代皇家对刺绣工艺的重视和管理，以及宋代书画艺术的欣欣向荣。宋代设立文思院、文绣院、裁造院、绫锦院、内染院等，徽宗年间还专门在翰林图画院内增设画绣专科，科内的绣师们可以直接用画家们的画稿作绣。宋代书画艺术格调高雅，艺术和手工艺的双向交融直接提高了宋代画绣的艺术格调。宋代画绣受院体画影响，山水、楼阁、花鸟、人物等画绣构图简练，工整细腻，蕴含着浓浓的诗意。

手工刺绣在宋代臻至化境，"画绣"是宋代刺绣的巅峰造极之作，开创了纯欣赏性刺绣之先河。画绣，以笔化为针，以墨化为线，丝丝缕缕，繁复映丽，穷尽描摹之能事。纯欣赏性的刺绣比较多的是仿绣书画，欣赏性绣品大多临摹当时名人的书画，刺绣工艺和绘画艺术的结合达到了一定的趣致和境界，是书画的另一种表达方式。明代有人评述"宋人之绣……佳者较画更甚"，可谓一语中的。画绣即书画，与书画一样进行装裱，世人一样可对画绣进行收藏，绣品与书画一样受重视。宋代开创了艺术类刺绣与实用类刺绣并驾齐驱的新格局，扩宽了刺绣的生存与发展空间，从一个单纯的"女工"手艺上升到了艺术境界，实现了刺绣的"文化复兴"，丰富了刺绣的审美内涵，引领了后世众多名人刺绣创作的风气和后世各刺绣流派的发展。

宋代画绣作为独立的艺术，自身也发展出很多新工艺，针法在南宋已达十五六种之多。同时期平绣类有齐针、缠针、套针、接针；钉线绣类有平金法、圈金、圈银、拉金锁、铺绒、堆绫、贴绢等技术。套针、切针、滚针都是此时期创新的针法。

宋代的绣品从针法上可分为平绣和钉线绣两大类；从原材料上以是否用金为标准又可分为蹙金绣和彩丝绣两种，蹙金绣大多搭配钉线绣法，彩丝绣一般采用平绣法。刺绣的材料和工具在宋代也得到了革新，绣针升级为精制钢针；绣线也用了更细的丝线，可以使针法极其细密；丝线染色技术也得到了提高，可以染出间色，使色线的深浅色彩变化更加丰富，这样就可绣出色彩变化层次丰富的部位。这些技术的提高同时促进了手工刺绣技艺的提高，使宋代的刺绣水平登峰造极。

北宋刺绣大士像（见图3-8）是一幅典型的宋代画绣，表现对象是千手观音。绣像人物线条流畅，表情栩栩如生，整个画面极为祥和，艺术表现与书画无异。绣线以褐色、白色为主，搭配深浅不同的蓝、绿、橙等色。刺绣方法用到了"合线"法，绣线以双丝线绞合而成，一针孔中同时穿入两根以上丝线。针法针脚不露，以长短参差的"套针""铺针"为主。

图3-8　北宋刺绣大士像

北宋刺绣梅竹山禽图（见图3-9）中以针代笔，"单套针""双套针""戗针"，再加上"旋针"施于梅树枝干和竹叶，表现了树干的盘曲错节和色泽的深浅变化。由浅及深的"施针"施于树干嫩枝；禽鸟背部刺绣用"铺针"和"施针"，腹部刺绣用"双套针"加"施针"，翅膀刺绣用"双套针"加"施针"或"刻鳞针"，眼睛和足部的针法也不一样。这些针法类似绘画的笔法，力求表现出描画对象的质感，充分体现禽鸟羽毛蓬松的感觉。

宋代刺绣开泰图（见图3-10）取"九阳启泰"的含义。画面上一个童子骑着羊，另外有两个童子侍立着九只羊。它的绣法特色是戳纱绣，戳纱绣是每隔两根经线一根纬线的交织点戳纳一针的绣法。这幅画绣用素纱做底布，用有色线戳纳花纹而成。绣活表面厚重紧密，戳纱绣绣法产生的斜纹肌理十分奇特。孩童、羊、梅花、茶花、松针等均留白不戳纱，用平针绣成。

图 3-9　北宋刺绣梅竹山禽图　　　　　　　图 3-10　宋代刺绣开泰图

5. 元代刺绣

宋代刺绣的写实风格在元代得到了沿袭。元代和宋代一样，统治阶层非常重视刺绣工艺的发展。刺绣由皇室统一管理，皇室在元大都设立了文绣局，全国各地也广设绣局。元世祖忽必烈崇尚藏传佛教，因此元代的刺绣除了用于日常用品的装饰外，更多的带有浓厚的宗教目的，绣品主要用于绣制佛像、经卷、幡幢、僧帽等。元代的佛像刺绣和经卷刺绣，绣工精湛、技艺娴熟，具有强烈的装饰风格。

元代贵族喜欢金色，偏爱用金线来做绣品，把金线用到绣品中的各个地方，或封边、或点缀，甚至大面积使用金色，他们将这种绣法称为金线绣。甚至还会在普通丝线中捻合金丝，使整件绣品富丽堂皇。贴绫绣也是元代出现的新的刺绣针法，即在绣品上加贴绸料、使之不在同一平面，并在上面加以缀绣，这种绣法极具立体感，使整个画面更显真实，迎合了人们的审美需求。虽然这些富丽奢侈、手法细致的刺绣工艺主要为皇家和权贵阶层服务，并没有流行到民间，但它的发展革新了刺绣的手法，也留下了很多精美的作品。

元代蓝色绫绒绣法器衬垫（见图3-11）出土于内蒙古阿拉善盟，收藏于内蒙古博物馆。整幅绣画构图均衡，表现两只白鹅在荷塘嬉戏的场景。水中两朵并蒂莲，正中是一片荷叶，荷花上一只蝴蝶在飞舞。相较于绝对对称的传统构图，此画面比较活泼，四周以打籽针绣三角形作为边饰。

图 3-11　元代蓝色绫绒绣法器衬垫

6. 明代刺绣

明代刺绣经过之前朝代的改良，品种更加丰富，功能也多样化了，在当时人们的生活中应用极为广泛，明代也成为刺绣流行风气最盛的一个历史时期。

明代手工艺极为发达，明代刺绣吸收了宋绣的优秀传统，并且推陈出新延伸出了自己的特色。一般实用类的绣作，品质普遍提高，首先材料上进行了改良：绣底和丝线的选料更加优良，刺绣技巧也更加娴熟高超，而且喜爱采饰富丽、绮丽繁艳的风尚。

刺绣原本仅以染色的丝线为材料作绣，明代开始有人尝试利用别的素材，例如发丝、纸、细纱等，这有利于表现绣画中不同材质的绣物，于是就有了透绣、发绣、纸绣、贴绒绣、戳纱绣、平金绣等的出现。露香园绣甚至还尝试将细草、胎儿的细发绣入绣品中，各种材料的尝试大大拓展了刺绣艺术的范畴，衍生了新的绣类。明朝中期新创洒线绣，大面积钉绣也是前所未见的新技法。

明代刺绣分为南北两派，代表绣分别是顾绣（南绣）和鲁绣（北绣）。

① 顾绣

顾绣是明代顾名世家家族绣，顾名世是嘉靖三十八年（1559 年）的进士，后定居上海"露香园"，因此顾绣还有另一称呼：露香园绣。顾名世颇有文化修养，他出自书香门第，在他和家族子弟的影响下，他家族中的女子也都对艺术很有兴趣，尤其是对女红刺绣很是擅长。顾绣的创始者是顾家女眷缪端云，她从小深受艺术熏陶，刺绣水平更是十分精湛，有很多传世之作。她虽然没有正式地记录下来创作的方式和体验，但是从现存的优秀作品中就可以发现顾绣对针法的使用非常巧妙。

顾绣属于闺阁绣（见图 3-12），在风格上承继了宋代画绣的传统，以宋元名画中的山水、花鸟、人物等杰作名画为蓝本的"画绣"，用线代笔，以写实摹真为能事。顾绣最大的特色是绣绘结合，以绣代画，半绣半绘，有时还以绘补绣，在图案局部施以淡彩晕染。

明代顾绣成功的要素包括以下几点。

- 绣者的文化艺术涵养。顾府女眷酷爱艺术，善丹青书法。

- 题材高雅。以宋元名画中的山水、花鸟、人物等杰作名画作为摹本。

- 画绣合一。画面均是绣绘结合，以绣代画，半绣半绘。

- 用材精细。顾绣为了表现出丰富的色彩层次，采用的彩绣线是宋绣中所未见过的正色之外的中间色线，能表现间色晕色，补色套色。

- 针法灵活且富有创新。刺绣针法多变，顾绣的针法复杂且多变，一般有齐针、铺针、打子针、接针、钉金、单套针、刻鳞针等十余种针法。
- 锲而不舍的精神。

图 3-12　顾绣——花鸟

顾绣对后世影响很大，清代四大名绣皆得益于顾绣，开拓了一代艺术绣作的大家风气。

早期的顾绣多为欣赏性绣作，基本是用来赠送或珍藏的，甚至被视为封建社会上层女性对艺术修养的追求。顾绣从一开始就以它特别的创作理念潜移默化地引领观赏性刺绣的发展，由此民间刺绣也开始真正出现了观赏性刺绣，于是有着千年历史的民间刺绣终于有了新的发展前景。后世对顾绣还有"绣艺之祖"的称呼，民间一时之间就形成了广泛自发的以顾绣为榜样的风气。

②鲁绣

因为鲁绣所用的绣线是用两股绣线捻合而成的，很像缝衣服的线，所以也叫衣线绣。它主要集中在山东地区，与顾绣的典雅细致相比，鲁绣更为粗犷，颜色搭配上也更加艳丽浓烈，针法更加朴实健美，但也更加耐磨。

因为比较耐磨，所以鲁绣与顾绣相比，实用性就增强了很多，用途也更加广泛。在明代，朝廷培养了一大批技法高超的绣工，专为皇帝和官员绣制官服，用的就是鲁绣。当然，鲁绣在观赏性刺绣上也不输于顾绣，不像顾绣的温尔典雅，鲁绣的风格偏豪放坚实，构图自然生动，是一种很有北方特色的刺绣。

明代龙纹方领女夹衣（见图 3-13）收藏于定陵博物馆。此绣件为红色四季暗花罗地，此件夹衣的主题是百子嬉戏，九十一个童子玩闹嬉戏、姿态各异。它使用平金针法绣龙、百子、花卉等纹样。针法运用十分巧妙，令人叹止。此绣件一共用到了十几种绣法：网绣、平金、斜缠、盘金、松针、打子针、扎针、擞和针、刻鳞针、钉线针等。用色、运针、施线都趋于规范，绣艺境界很高。

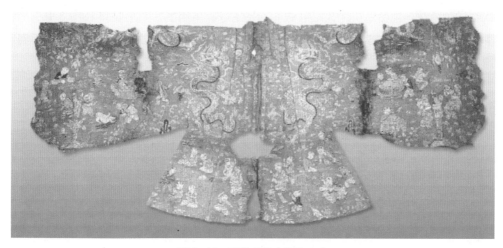

图 3-13 明代龙纹方领女夹衣

7. 清代刺绣

清代是我国最后一个封建王朝，对于刺绣工艺来说，在这个时期刺绣文化达到了最成熟完善的阶段。清代刺绣题材广泛、形象传神；刺绣工具喜用金针，技法常用垫绣技法；在表现纹样上喜欢用几何图案和大型花卉，具有很好的写实性和装饰效果；刺绣用色平稳和谐、风格古朴、典雅大方。

清代中期，随着西方文化向中国传播，刺绣的花纹图案由大型转向小巧精细。西方绘画对刺绣作品也有影响，绣品中出现了大量西洋花卉图案，用色大胆且鲜亮。

清代帝王、官员的衣饰鞋帽及生活用品都是由清代织绣中最精良的工艺和技术绣制而成的，但是民间的刺绣质量也不差，很多经营刺绣工艺品的行庄出现在城市中，刺绣在商业中也占有一席之地。与宋、明类似，书画家也参与了刺绣画稿的设计工作，这说明刺绣已经形成了一条产业链。刺绣的品类虽然发展得越来越多，但主要部分依然是日用品，清朝在全国各地也形成了很多具有地方特色的刺绣，如苏绣、蜀绣、粤绣、湘绣等，风格鲜明，特色各异，形成了百花齐放的局面。

清代刺绣玉堂富贵寿屏（见图 3-14）收藏于故宫博物院。这套寿屏为石青缎地，用到了平针、套针、戗针、接针、打子针、钉线针、扎针、活毛套针、松针、滚针、鸡毛针、网绣等十几种针法，为了真实地表现动物与植物，所用色线也达二十几种，用退色法绣海棠、牡丹、玉兰、茶花、竹子、灵芝、萱草等植物以及仙鹤、锦鸡、山雀等珍禽，形态惟妙惟肖。

图 3-14 清代刺绣玉堂富贵寿屏

清代红缎刺绣花鸟组合绣屏用大红缎做底,是婚嫁喜事用品,如图 3-15 和图 3-16 所示。绣品中用四季花鸟组成"喜寿"二字,寓意"花好月圆""喜上眉梢",充满喜庆吉祥。针法用到了齐针、缠针、捻针、套针、刻鳞针、打子针等。

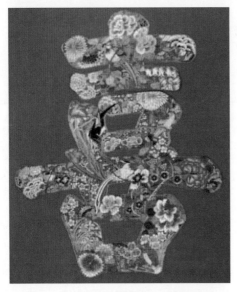

图 3-15　清代红缎刺绣花鸟组合喜字　　　　图 3-16　清代红缎刺绣花鸟纹组合寿字

清代明黄缎刺绣十二章龙袍绣品(见图 3-17 和图 3-18)彰显皇家气派,重点表现的是龙头日月。红色的太阳上绣着三足乌,翅羽用戗针、网绣等针法绣制,十分精致。银色的月亮上有一株月桂树,树下绣着玉兔捣药。龙头以盘金、滚针、钉线等多种针法绣成。

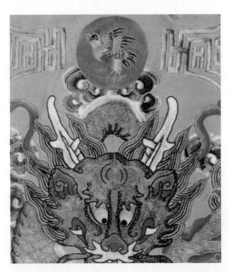

图 3-17　清代明黄缎刺绣十二章龙袍上的太阳纹饰　图 3-18　清代明黄缎刺绣十二章龙袍上的月亮纹饰

二、四大名绣

在清代,各具地方特色的四大名绣已经初见雏形。在清代以前,尽管刺绣已经发展得非常繁荣昌盛,特别是宫廷刺绣开创了前所未有的艺术成就,但刺绣并没有形成自己的宗派类别。四大名绣之称始于十九世纪中叶，它的产生除了刺绣本身的发展外，另一个重要原因就是绣品商业化的结果。由于刺绣商品在全国分布广、数量大、品种多、风格迥异，很多地方刺绣已经发展得非常成熟，再加上皇室设立各种机构介入管理，促成了四大名绣按地域定位划分的趋势。

由于市场需求和刺绣产地的不同，刺绣工艺品作为一种商品开始形成了各自的地方特色。苏、蜀、粤、湘四个地方的刺绣产品销路尤广，影响尤大，故有"四大名绣"之称。人们把江苏地区以苏州为中心的刺绣称为"苏绣"；把四川地区以成都为代表的刺绣称为"蜀绣"，亦称"川绣"；把湖南地区以长沙为中心的刺绣称为"湘绣"；把广东地区以广州为代表的刺绣称为"粤绣"。

1. 苏绣

据考证，苏绣（见图 3-19~ 图 3-21）有三千多年的历史。江南一带自古就是我国的富庶之地，苏州女子性情柔和，心灵手巧，长于慢针细活。苏绣最值得称道的刺绣技艺是它的仿画绣和写真绣。苏绣图案上的楼阁有立体感，山水有透视效果，能描画出绣物之间的远近、层次及穿插等关系，在平面的绣片上表现出有深度的、立体的空间感觉；花鸟、人物针法细腻，神态怡然，顾盼生辉。

在传统苏绣中，最具代表性的包括闺阁绣、宫货绣和民间实用绣三种类型。

闺阁绣即古代大家闺秀以娱乐为目的而做的刺绣，主要用于自我欣赏或馈赠亲友。闺阁秀的创作者多有着良好的文化艺术修养，因此闺阁绣大多制作精美，有较强的艺术性，前文提到的顾绣即为闺阁绣的代表。

宫货绣又称宫廷绣或云龙货，指的是为满足宫廷和皇室需求所做的绣品。宫货绣供应的主要来源为官办织绣工场和民间绣庄，宫货绣为了满足达官贵人的审美趣味，极尽工巧，往往选料讲究、不惜工本，尽显奢侈华丽的宫廷风格。宫货绣是苏绣的重要组成部分，也是促进苏绣技艺针法不断创新完善的重要因素之一。

民间实用绣即民间普通妇女为了满足生活需求而做的苏绣。民间实用绣的用途十分广泛，相对于闺阁绣和宫货绣，民间实用绣的艺术风格更为朴实，符合劳动人民的审美倾向。

苏州刺绣在历史发展过程中形成了独特的地方风格。它的特点可以概括为"平、齐、细、密、匀、顺、和、光"八个字。

"平"是指平薄如纸，保持绣面与绣线的平整性。即整个作品不能有凹凸感，完成后的作品应当平服如画。

"齐"是指刺绣时要做到针脚齐整，图案边缘齐整，轮廓清晰。

"细"是指用针细巧，绣线精细，它是决定苏绣绣面精细程度的重要因素。苏绣绣工中的劈丝技艺可以将一根丝劈成多股，最多可达 40 多股，可以说是纤毫之微。

"密"是指绣线排列细密，不露针迹。"密"与实相成，而它的关键也正在于"细"，正所谓"惟细而密"，这样绣出的作品才能保持绣面光亮和平滑。

"匀"是指用线需粗细适均、疏密一致，这样才可保证绣面的平服。

"顺"是指刺绣时丝线的运针方向应该因循事物的生理结构特征，用刺绣的技艺来表现出事物真实生动的一面。应当注意丝缕排列的方向，丝缕圆转自如。

"和"是指刺绣色阶过渡方面的要求，要求色彩过渡保持调和，有渐韵之感，自然而生动，浓淡适宜、整体协调。

"光"是指刺绣时需注意突出绣面的光泽效果。

图 3-19　苏绣鸳鸯戏水

图 3-20　苏绣红荷

图 3-21　苏绣猫咪

2. 粤绣

粤绣（见图 3-22 和图 3-23）是广州刺绣和潮州刺绣的总称，粤绣起源于唐朝，由中原移民带入岭南，唐代时粤地的刺绣工艺已不同凡响。如唐代《杜阳杂编》记载奇女卢眉娘能在一尺（约 0.3m）绢上绣《法华经》七卷，"点画分明，细如毫发，其品题、章句无不具矣"。史载唐玄宗时期，岭南节度使张九皋进献了精品刺绣给杨贵妃，而获加官三品，可见当年的唐代权贵阶层对粤绣的喜爱。

明朝中期，由于广东地处海边，贸易往来比较便利，所以不少粤绣走出国门，远销海外，同时也让粤绣名扬海外。在 18 世纪的欧洲，粤绣风靡了英国皇家及上流社会，成为他们炫耀财富和身份的奢侈品。粤绣被誉为"中国给西方的礼物"，英、法、德、美各国博物馆均藏有粤绣，粤绣的海外交流还促进了英、法皇家宫廷刺绣的盛行与发展。

粤绣在明朝中后期形成了自己的特色，主要包括以下几点。

①粤绣用线多样，不拘一格。除传统丝线、绒线外，也用孔雀羽毛捻搂作线，或用马尾缠绒作线。

②粤绣针法十分丰富，针脚长短参差，针纹重叠微微有一些凹凸。针线起落、用力轻重、丝理走向、排列疏密、丝结卷曲形态等因素都用来强化图像的表现力。

③粤绣用色对比强烈，色彩绚烂夺目，效果华美。

④粤绣花纹的轮廓线多用金线制作。

⑤装饰花纹繁复饱满，构图繁密热闹。

⑥绣工多为男工所任。

粤绣绣品品种丰富，有被面、枕套、床楣、披巾、头巾、绣服、鞋帽、戏衣等，也有镜屏、挂幛、条幅等。

图 3-22 粤绣——白鸟图

图 3-23 粤绣——鸟

3. 蜀绣

蜀绣（见图 **3-24**）亦称"川绣"，是以成都为中心的四川地区刺绣产品的总称。蜀绣早在晋代就有记载，它与蜀锦并称为蜀地名产。

蜀绣注重实用性，主要用于日用品，观赏性刺绣则相对较少。刺绣对象主要是常见的花鸟、走兽、山水、虫鱼、人物等，或是民间吉祥用语，颇具喜庆热闹，较多绣制在被面、枕套、衣服、鞋子或画屏上。

成都自古被誉为天府之国，"农桑立国"。西汉文学家扬雄在《蜀都赋》中赞美成都"若挥锦布绣，望芒兮无幅"；至两晋，蜀绣与锦、金、银、珠、碧并称为蜀中之宝；唐以后宫廷贵族和民间都对蜀绣趋之若鹜，促使蜀绣向"织文锦绣，穷工极巧"发展，蜀绣发展为"冠天下"；到了清代，大批画家热爱蜀绣，并加入到蜀绣的绘制中，画家、绣师的密切配合不断提升蜀绣的艺术，使得蜀绣的名气随之增长，蜀绣终于发展成四大名绣之一。

蜀绣针法有套针、晕针、斜滚针、旋流针、参针、棚参针、编织针等 12 大类 122 种，它讲究"针脚整齐，线片光亮，紧密柔和，车拧到家"。

蜀绣用针工整、平齐光亮，花纹边缘如同刀切一样工整。

蜀绣品种有被面、枕套、绣衣、鞋面等日用品和台屏、挂屏等欣赏品。

图 3-24　蜀绣——花鸟

4. 湘绣

湘绣（见图 3-25 和图 3-26）是以湖南长沙为中心的刺绣品的总称。

湘绣的历史源远流长，从长沙战国楚墓和马王堆西汉古墓出土的大量绣品中，可以了解到，早在春秋战国时期，湘地的刺绣技艺就达到令人匪夷所思的高度。

田自秉教授在《中国染织史》中指出："湘绣的历史，过去一般都认为创始于清朝末年，最为晚出。但自 1972 年长沙马王堆一号墓出土'绢地长寿绣''绢地乘云绣''罗绮地信期绣'等精美汉代刺绣后，对于它的历史有了新的认识。可以这样说：湘绣是在清代后期形成了独特风格的刺绣体系。"而"湘绣"这一名称，也就是在这个时候见称于世的。

湘绣的艺术特色主要表现为形象生动、逼真，质感强烈，它是以画稿为蓝本，"以针代笔""以线晕色"。

湘绣的独特技艺，表现在"施针用线"之中。湘绣针法多变，以掺针为主，针对不同描摹对象的个体特点，比如不同的结构、体态、纹理，发展到 70 多种针法。湘绣也针对具体画稿的题材，运用各种不同的针法，选配各种不同色阶的绣线——丝线或绒线，以至线色万千，凭借针法的特殊表现力和绣线的光泽作用，使绣制出来的作品，不但保存着画稿原有的笔墨神韵，而且通过刺绣工艺，赋予刺绣对象栩栩如生的立体感，艺术效果非一般绘画可及。

到清末"湘绣盛行，超越苏绣，已不沿顾绣之名。法在改蓝本、染色丝，非复故步矣"。

图 3-25　湘绣——孔雀

图 3-26　湘绣——百花齐放

三、少数民族刺绣

1. 苗绣

苗绣主要流传在贵州省东南的苗族聚集区，苗绣是中国女红的优秀代表，也是苗族服饰主要的装饰手段。由于苗族居住地地理环境的相对闭塞，苗绣的精湛工艺得到了完好的传承。

苗族有一个传统，女孩子成年婚嫁前，都要亲手为自己绣作一套嫁妆。所以，苗家的女孩子从四五岁起，就开始跟着女性长辈学习挑花刺绣，一般十四五岁时，就已掌握了相当成熟的技术。嫁衣上的一针一线凝聚着姑娘们对美好婚姻生活的向往。绣活代表姑娘的心灵手巧，越是好的绣活就越能博得小伙子的赞许、爱慕和追求。

　　苗族刺绣崇尚自然，花型主要有龙、鸟、鱼、铜鼓、花卉、蝴蝶，还有反映苗族历史的故事画面。苗绣的布是自己纺的土布，苗绣的各色彩线是用各种天然的草木、矿石进行染色的。苗族刺绣技艺精湛，但与四大名绣不同的是，苗族妇女刺绣几乎都不打底稿，全凭天然的悟性，她们从小跟随家里的女性长辈从简单的花样学起，长大以后，就依靠娴熟的技艺和非凡的记忆力，数着底布上的经纬线挑绣。

　　苗绣不同于四大名绣，它来源于民间，形式质朴而纯粹，具有浓厚的地域风格。其色彩搭配丰富，瑰丽夸张的花型和奇特的构图是苗绣的标签，例如图 3-27 所示的肚兜。

　　苗绣最特别的地方是它具有传承文化历史的功能。苗族将自己的历史信息，记载在了衣服的刺绣图案里，图案就是苗族文化传承与信息的载体。

　　几乎每一个传统纹样都有一个故事或传说，蕴含着苗族人民深厚的情感和悠久的文化，记叙着苗人的过去和现在，传达着对未来的期盼。苗绣就像无字之史书，记载着苗族人千年的历史。

　　比如苗族刺绣中常见的人骑龙或骑水牯的纹样，就体现了苗族人民英勇无畏的气概和生活情趣。苗绣中这些骑龙、驯龙、双龙的图形（见图 3-28），表现了苗民自由不羁的天性，以及对龙敬而不畏的心理。

　　蝴蝶纹与苗族的创世传说相关。在苗族文化中，蝴蝶妈妈、大宇鹡鸟是苗族的始祖，是苗家的创造者，把这些蝴蝶、鸟纹绣（见图 3-29）在衣服上可以表达对祖先的尊敬与崇拜。这些图案还有明显的阴阳结合、创造生命的寓意，表达了苗族祖先对天与地、山与水、世间万物、生命起源的理解和认知。

图 3-27　苗绣——肚兜　　　　　　　　　　图 3-28　苗绣——龙形

图 3-29　苗绣——鸟纹

2. 土家族刺绣

土家族这个名字，对很多人来说，都是既熟悉又陌生。说到这个民族，大家可能会想到蓝青色土布麻衣，想到木架板壁屋和吊脚楼，想到糍粑与酿酒。

土家族主要分布在湘、鄂、渝、黔交界地带的武陵山区，在长期的历史发展进程中，其创造了独特的民族刺绣工艺文化。与苗绣一样，土家族的刺绣图案也兼具了文字的功能，记录了土家族人的历史渊源、人情风俗、文化内涵。

对土家族女孩来说，刺绣曾是她们必备的技能。绣花鞋和绣花鞋垫是土家族传统婚俗、孝道文化中的重要组成部分。一双双布鞋、鞋垫上从龙、凤等传统图腾刺绣到独具风情的土家族人物刺绣、各色花卉刺绣，图案样式不一而足。

土家族的刺绣属于中华民间刺绣工艺之一，土家语叫绣花为"卡普查"。传统的"卡普查"首先将要绣的图案用纸剪成花样，贴在底布上，然后照着纸样用丝线绣制。绣成之后，丝线便把底样蒙盖在里面了，这样图案由于有底下的纸样，会微微有些凸出，略有立体感。绣花时她们往往会把底布糊得厚实一些，可能还会加纸衬或者布衬，这样能使底布更加硬实平整，保证绣花效果。

土家族刺绣（见图 3-30）喜欢用对比色的配色方法，用青、蓝、大红等深色布料做底布，而花纹部分的绣线则多选浅色；或者相反，用浅色布料做底，而花型的绣线选择比较强烈的深色。这两种方法都属于色彩对比搭配，呈现的效果就是绣品的色泽原始生动，对比强烈，给人以喜庆吉祥的美感。

土家族刺绣多取材于花、草、虫、鱼、鸟、兽、竹、树等物或者绣"龙凤呈祥""凤穿牡丹""鲤鱼跳龙门""鸳鸯戏水""喜鹊闹梅""鹭鸶踩莲""仙鹤松涛""寿桃仙翁"等传统图案，例如图 3-31 所示的土家绣花鞋垫。

图 3-30　土家族刺绣

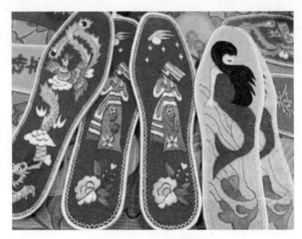

图 3-31　土家绣花鞋垫

四、民间刺绣针法研究

刺绣包括针、线、色、纹四大元素，其中针和线是必不可少的工具，在这四个基本要素上，刺绣能有今天的辉煌，最重要的是针法的开发与创新。刺绣与印花、织花等手工艺不同，它是用针线来"刻画"花纹图案的，针法是最基本的核心，一个绣品的针法结构和纹样效果能决定它的来源流派和艺术价值。

刺绣又名针绣，它的发展起源首先是针，其次是绣纹。"针"这一工具最开始被原始先民用来缝兽皮、制成衣物或是穿贝壳做装饰，主要是用来"缀衣"。从最开始用动物骨头磨成的针到后来的铜针，再到现在不同型号、不同材料、不同功能的各种针，都是人们在使用过程中不断开拓新功能改进而成的，其中刺绣所用的针发展至今，最大特点就是越来越细，这也是因为人们对绣品的要求越来越精细了。

原始氏族的妇女在纺织纱布时，为了摆脱规规矩矩的"排兵布阵"，就用针线来绣出动植物纹饰，这是绣花纹样最初的尝试。首先是以曲线为基础的简单花纹，比如水涡、贝壳、藤蔓等；也有以直线为基础的图案，比如山形、菱形、鱼形、网形等。这些纹样均来源于先民狩猎捕鱼的日常生活，这两种原始纹样构成了刺绣的两种基本针法。

还有一种以结圈状为原针法的锁链绣针法，锁链绣起源较早，很多出土的文物绣品中都能看到锁链绣针法。由于结圈纹在织物上按图案绣点可连成线条纹，就使绣迹构成凸出花纹。这种针法效果好且简单易学，还有很强的可创性，所以很快就被推广开来。

另一种是以线条为原针法的齐平型针法，即以各种平行的直线（横线、竖线、斜线）的针迹构成条状块面的纹饰，后来发展成钉线绣，可以制作更加丰富的图案。钉线绣是用条状线，按照设计好的纹样，在每一分段的区间上，以针线钉于条线的两旁，把钉固定在底料表面，形成钉线花纹。

五、民间刺绣工艺的创新

随着时间的推移和社会的进步，刺绣艺术在现如今人们的生活中越来越边缘化，因此被各界有识之士呼吁保护。然而对民间艺术仅进行人为保护还远远不够，更为有效的方法在于传承与发展。只有当这类艺术在当今社会中重新找到位置，才能从根本上挽救它们，这就涉及传承及创新。刺绣艺术之所以会濒临消失，就是因为社会的发展使它们失去了存在的必要性，只有创新才能够使民间艺术重新与社会发生联系。

手工刺绣始终没能发展为大众性流行艺术，究其原因主要包括以下几点。

（1）手工刺绣技艺的掌握需要长时间的学习和实践。

（2）手工刺绣的质量和品质极大地依赖于个体的技能、经验，需要言传身教地传承。

（3）刺绣创作需要有一定的绘画基础和艺术才能，这正是普通爱好者所缺乏的。

传统手工刺绣走过两千多年的漫漫长路到现代刺绣，已经突破了传统的工艺技法和图案装饰，走向现代化生产的道路，这也是文化繁衍创新的产物，是时代进步的选择。

时代在变化，科技在进步，刺绣工艺也从纯手工制作到了机械化大生产时代，结合先进的计算机技术，用机器批量化生产加工出质量精美的刺绣已经不是什么难事。用计算机设计并预定好图案，然后机器按照计算机的指令进行刺绣，不仅出品速度快，且质量有保证，花型品种更丰富。

现代科技使现代刺绣有了更加多样化的装饰语言，在表现技法上已经突破了传统刺绣针法的限制。所以现代刺绣最突出的特点在于以下三点：材料更加丰富；创造形式更加快捷；题材内容更加丰满。这些特点使刺绣有了更多的可能性，也使现代刺绣出现了更多突破传统的优秀作品。

虽然现代机器刺绣非常方便快捷，但相较于手工刺绣，机器刺绣是"没有灵魂的刺绣"，它不像手工刺绣倾注着作者的更多心血，所以还是有很多人热爱手工刺绣。就像艺术收藏品的真迹一样，物以稀为贵，机器生产太多了，反而不会被珍惜，这也是手工刺绣没有且不会被机器刺绣所完全替代的原因。

如何帮助刺绣文化在当今的社会生态下找到自己的生存模式，是很多热爱传统文化与工艺的有识之士探索的目标。社会各界力量共同推动刺绣艺术前进的步伐，积极进行跨领域研究，与新的艺术门类和艺术形式结合，实现内生式发展。将刺绣艺术和服装设计、首饰设计、家居设计等结合，推陈出新，使传统刺绣与现代的多元文化碰撞出更加绚烂的火花。

在服饰设计中，将传统刺绣手工艺的价值充分发挥出来，对材料、刺绣图案、色彩使用以及刺绣技法等展开创新。近年国内服饰发展迅速，服装配饰的工艺有了很多新的发展方向，而传统刺绣手工艺同样可以在女装、男装、童装、饰品中得到很好的体现，将传统刺绣手工艺的新材料与其相互结合，如休闲服饰中的毛线绣、成衣中的绳带绣、时装中的珠片绣，不仅能够促进我国传统刺绣手工艺的创新，还能保证两者之间的融合质感。

近几年，我国刺绣逐渐进入了国际市场的舞台，并以精致的肌理以及华丽的图案，得到了国际设计师的认可。《嘉人》杂志中，模特穿着百鸟衣拍摄杂志，充分证明了传统刺绣工艺与服装设计相结合的魅力。因此，将我国传统刺绣与服装设计相互结合，不仅能够提高服装设计的魅力和价值，同时还能够促进我国传统文化的创造性的现代转化。

在首饰设计领域，将刺绣技法结合到首饰设计是另一项大胆的尝试。

英国伦敦艺术大学中央圣马丁艺术与设计学院的毕业作品秀展出了学生将湘绣和首饰设计相结合的设计作品，如图 3-32 和图 3-33 所示。首先用湘绣双面绣技法绣出活灵活现的动植物，然后与戒指、眼镜、耳环这些首饰相结合，让中国传统手工元素和现代首饰设计融合，比商业化的首饰设计多了更多的细节和温度。刺绣的蝴蝶、小鸟，针法细腻，羽毛纤毫毕现，刺绣技法对于首饰设计来说是一种新的创造元素。刺绣的细腻丰富了首饰作品的内容和情感，手工元素的加入增添了情感化的内容，创造了一种新的视觉艺术效果，传达出更加丰富的情感诉求。

 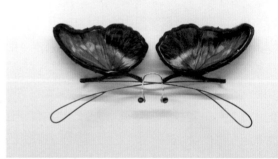

图 3-32　湘绣与首饰设计之一

图 3-33　湘绣与首饰设计之二

　　十字绣也可以运用到首饰中。设计师应用原生态的树枝与白色亚麻布结合，白色亚麻布上用十字绣技法手工刺绣图案。树枝自然弯曲成首饰需要的形态，树枝的硬与布料的软有机结合，自由形态与纯手工的十字绣绣出的图案相得益彰，极具原始神秘的气息，整体设计充满了自然感，例如图 **3-34** 和图 **3-35** 所示的首饰。

图 3-34　十字绣与首饰之一

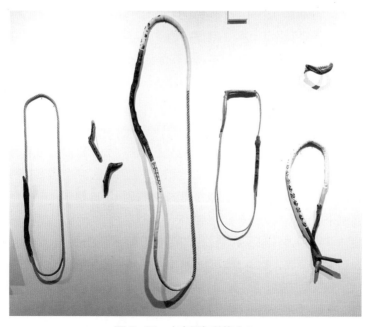

图 3-35　十字绣与首饰之二

第二节　布艺印染

一、手工印染概述

社会经济的高速发展给现代人带来了优越充盈的物质生活，同时也带来了生存环境的恶化、精神状态的压抑与焦虑。这也促使人们对当下的生活方式进行反思，越来越多的人向往传统的回归自然的生活方式，越来越想从传统的文化中找到生存之道。民间手工艺是中华传统造物文化的重要组成部分，手工艺中的手工印染技艺是中国人民生活、生产智慧的结晶，充满人文之美。在高度工业化大生产的今天，手工印染用它原生态的质感、率真的图案、细腻的情感表达赢得了越来越大的市场。

1. 手工印染的特点

手工印染的特点是小批量、个性化、唯一性。手工印染所创造的造型、色彩和变形的装饰纹样满足了现代人对回归自然、本真的审美需求。手工印染具备艺术与实用双重特性，经过手工艺人和设计师的创作，可制作出品类繁多的服装、鞋帽、首饰、家居生活用品、箱包、摆件、纯艺术欣赏品等。

2. 手工印染的类型

在历史上，人们将手工印染称为"染缬"，"缬"不光是指印染的方法，也指经过染色，有色彩、纹样的丝织品。手工印染在古人的概念里既是一种技术，也是生产的结果。

"手工"这个词，是相对"机器生产"而言的，从词意上它就处在一个与现代批量化生产相对的立场；而"印染"涵盖了"印"和"染"两种工艺，这二者都是使用染料在织物的表面形成图案的重要生产方式。

民间传统的手工印染工艺可以分为两大类："型版染缬"和"手工染缬"。其中"型版染缬"又分为"镂空版染缬"和"凸版印花"两种；"手工染缬"又分为"手绘""蜡染"和"绞缬"三种。如果是按照印花工艺的不同来对手工印染工艺进行划分，可将之分为碱剂印花、拔染印花、防染印花和直接印花等。在民间传统手工印染工艺中，最具有典型性的工艺种类有"绞缬""蜡缬""夹缬"和蓝印花布。

3. 手工印染的发展

民间手工印染技术的发展史就是中国社会历程的演变史，早在周朝就出现了对该技术的记载。周朝专门设置了行政官僚部门掌管染料的采集和纺织品染织，为宫廷提供布帛，而且民间也广泛地应用印染技术制作服装，但是民间、官吏、贵族之间在印染色彩上有着明确的官方界定。

春秋战国时期，广泛种植蓝草为手工印染技术的发展提供了原材料，在这个背景下染蓝技术也得到了发展，民间普遍采用蓝草作为染料原材料。

汉代印染技术进一步完善，实现了手绘工艺与凸版印花技术的融合。同时期随着汉族与少数民族地区经济、文化、政治的交流，蜡染等印染技术传入西南少数民族地区，少数民族地区的印染技术也得到了发展壮大。到汉朝中期，全国各地的手工印染技术呈现共同发展、欣欣向荣的盛况。

魏晋南北朝时期，扎染技术开始进步发展。至唐朝，扎染、蜡染、夹染技术成为民间手工印染的主要技术，"青丝缬"和"山水纳缬"成为时尚，夹缬成为重要的印染织物，夹染成为重要的印染技术，这个技术一直到宋代达到巅峰。

在宋朝，除了印染工艺日益娴熟，达到鼎盛，在印染技术和工具的发明上也得到了突破，桐油、竹纸替代镂空印花版成为主要印染工具，物质技术的进步使印染织物的图案和色彩质地更臻完美。

到了明代，人们大力开发种植染料植物的品类，使可提供染料的植物的数量增加至几十种，染料的来源种类丰富了起来。民间出现了专职化的染坊，染料数量也增加到数百种，从种植到印染，手工印染业呈现良好的生态系统。

到了近代，西方发达国家的大机器生产方式对传统印染手工艺生产方式造成了极大的冲击，传统的手工印染业几近崩溃。20 世纪 90 年代以后，随着物质经济的富裕和人们审美观念的提高，人们的视角再一次回归手工艺的生产方式。21 世纪以来，我国高度重视传统文化、民间工艺文化的传承，民间手工印染工艺得以再次发展，并且获得了新的动力与成就。

传统手工艺作为具有"不仅造物，而且造美"的这样一个双重价值的生产方式，在时代的年轮中不断见证参与着社会生活。在小农经济中，民众进行的织布、编织、刺绣、印染等手工艺生产活动，实现了生活日用品的自给自足，同时还可以用于商品交换，从手工艺的价值体系来说更多表现的是实用价值，在工业革命以前它为民众提供了大部分生活所需。在后工业社会的今天，手工艺生产方式的功能结构发生了多维度的变化，不仅是实用功能，更多的是指向审美功能和象征功能。近年来，民间手工印染技术在艺术创作领域得到了广泛应用，并且与材料技术、信息技术、生物技术等科学技术相融合，展现了印染技术新的生命力。

二、手工印染构图美学

在现代文明与传统文化不断碰撞的过程中，作为非物质遗产的手工艺已经成为中华传统造物文化的重要成员，蕴含着深刻的文化内涵，是我国当之无愧的瑰宝。此处将围绕其具体设计方法展开，从构图、造型、色彩等各要素进行详细的分析。

1. 构图的特征

①构图形式：主要包括散点分布、平铺排列、打散重组三种。灵活应用三种构图形式可使表现的内容丰富而全面。如图 3-36 所示，在一幅作品上为了使其内容更丰富，会把花、蝴蝶、鸟等元素或散点、或平列、或分组、或聚散地构图，而图 3-37 则是平铺排列构图形式的代表。

图 3-36　散点分布构图

②美的基本法则：平衡、统一、对称、变化。这些美的基本法则对于手工印染纹样的构图也同样适用。例如，图 **3-37** 采用均衡、对称的构图，使其在整体上凸显局部变化和整体均衡的特点。这种构图美学法则体现了我国民间对于完整、圆满的憧憬和希望。

图 3-37　均衡、对称的构图

③纹样大、中、小花型巧妙安排，多样、统一而又丰富。例如在主体大花周围放置许多中型花朵，其中又穿插许多小型花朵。因此，乍一看是大花朵，细看大花朵却是由各不相同的丰富多彩的花朵组成，如图 **3-38** 所示。

图 3-38　大中小花型构图

④方圆兼顾、聚散兼用。主要表现在方中寓圆、圆中寓方，放中有收、收中有放，既有规矩、又不散乱的构图，使人在视觉上感到很舒展，如图 **3-39** 所示。

图 3-39　方圆兼顾、聚散兼用的构图方式

2. 纹样构成形式

①适合纹样

适合纹样是指图案素材经过加工变化后，整体适合某种特定形状的一种装饰纹样。适合纹样的特定形状一般是方形、圆形、三角形等几何形状。

②单独纹样

单独纹样是指图案素材没有外轮廓及骨骼限制，或不与周围发生直接联系，可以独立存在和自由运用的纹样。在使用中应注意图案纹样的完整性。

③二方连续纹样

二方连续纹样（见图 3-40）是指一个单位纹样向上下或左右两个方向反复连续重复而形成的纹样组。

④四方连续纹样

四方连续纹样（见图 3-40）是指由一个纹样或几个纹样组成一个单位纹样，向四方无限连续重复而形成的纹样组。

图 3-40　二方连续纹样和四方连续纹样

三、手工印染工艺

1. 蜡染

蜡染是一种传统印染工艺，用蜡来做防染材料，用笔或蜡刀等特制工具蘸取蜡在织物上绘制防染纹样，最后进行染色的印染工艺。

蜡染的制作原理是因为纺织品上画好蜡的地方不能被染色，只能显现出纺织品原来的颜色。制作方式是首先使用工具把蜡画到布料表面，然后将布料置入染料液体中进行染色，最后捞起布料，把布料上的蜡洗掉。相比于扎染，蜡染更容易控制图形，染出的画面线条容易得到预期效果，而不会像扎染那样在染色中出现太多的"偶然"形状。

蜡染图案来源于生活，来源于现实，在真实的自然形象基础上夸张变化、想象、创造，脱离了自然形象的局限，这种变化出自民间本能的想象力，艺术语言朴实而热烈、单纯而有力，既有抽象简约的几何形，也有生动逼真的自然形，更有来源于历史的传说和民间故事，具有浓郁的民族色彩。图 **3-41** 和图 **3-42** 所示为蜡染示例。

图 3-41　贵州蜡染裙　　　　　　　　图 3-42　贵州蜡染

①蜡染的历史

产生时期：我国的蜡染艺术可以追溯至秦汉之前。被称为"盘瓠蛮""五陵蛮"的苗族先民"织绩木皮，染以草实，好五色衣服，制裁皆有尾形……裳斑斓"，由此可以窥见当时的苗族纺织、蜡染水平已经相当成熟。

成熟时期：隋唐时期是蜡染艺术的成熟期。随着丝绸之路、海上商路的相继开辟，中国与其他国家经济、文化方面的交流空前繁荣。大唐盛世，蜡染在染料的使用上、染色的工艺上出现了新的技术，在蜡染的绘制上发展了多色套染技术，不仅单色蜡染更精美，而且复色蜡染也极为盛行，并达到了一定的高度。蜡染图案的艺术形式和艺术风格都出现了崭新的风貌，从纹样方面来说，出现了大量飞禽、走兽、花鸟、树石、人物等动植物纹样；在艺术形式上，强调写实且富有情趣。艺术风格新鲜、活泼而又富丽堂皇。隋唐蜡染艺术，在生活中的应用十分盛行，其产品不仅图案类型繁多，而且范围极为广泛。

隋唐蜡染艺术最为出名的是装饰用的蜡缬屏风，当时还曾当作礼品赠送到国外。

转变时期：宋明时期是我国蜡染艺术上的一个转变时期。从工艺上来说，那时蜡染与夹染工艺的融合，形成了独具特点的瑶斑布，并且还产生了新的工艺——灰缬与蓝印花布。在使用范围和区域上，由于蜡染材料的低质化和制作工艺上的因素，再加上当时新兴的印染技术、织造绣花技术的不断发展，蜡染工艺以及产品逐渐淡出了中原地区，并随着历史上几次民族的迁移转移到了边远的少数民族地区，从而使得蜡染的使用更趋于平民化和少数民族化，如图 **3-43** 所示。

图 3-43 民族服饰上的蜡染工艺

民间化时期：明清时期，边远的云贵地区蜡染盛行，至今在北京故宫博物院里，还保存着 17 世纪的贵州蜡染文物。清代的毛贵铭在《西垣遗诗》中形容过蜡染："蜡花锦袖摇铁铃，月场芦笙侧耳听。芦笙婉转作情语，铃儿心事最玲珑。" 对西南边陲少数民族的生活形态做了生动的记叙，由此可见蜡染在云贵地区的普及程度，可见蜡染与我国的少数民族的生活有着非常深厚的关系。所以直到今天，这种古老的手工艺品，仍然受到一部分人民的无比珍爱。

②蜡染的制作材料

从布料上来说，蜡染所需布料一般都是民间自织的白色棉麻布，因棉麻布厚实且耐用，成为常用的印染面料。这种棉麻布含有不同量的杂质和胶质，有的棉麻布还带有浆料，因此，在蜡染前需要反复浸泡、捶打、清洗、晾晒，通过这种方式来提高染色质量。

蜡染的防染剂主要是蜡，蜡也分为植物蜡、动物蜡、矿物蜡，植物蜡的防染功能主要有枫香染和松香染；动物蜡主要是蜂蜡，蜂蜡呈浅黄色、黄色或棕色；矿物蜡是石蜡，石蜡松脆，黏性小，容易断裂，可用于制作大面积的冰纹效果。

从染色来说，始染采用植物腚砒染料上色，是中国古代染色工艺的主流，通常取木蓝、马蓝、菘蓝和蓼蓝等蓼科植物的茎、叶发酵制作靛青，主要的工艺流程为：泡草—加石灰—打腚—蒸发（蓝靛膏）—建缸备用。植物靛蓝染料色调高雅，色泽鲜亮，还有一定的药物保健功效。

近年来通过对蜡染靛蓝的研究发现，靛蓝染料结构复杂，染料性能和染色原理类似还原染料，对纤维的亲和力低，需要在强碱性条件下用保险粉还原，才能上色棉布，工艺烦琐，同时受到颜色单一、染料利用率低等局限。早期的蜡染织物多为双色的，即织物的本色和染后的颜色，最常见的颜色为蓝色，易形成双色的图案和画面。

绘蜡工具是以铜刀代笔。因为用普通毛笔蘸蜡容易瞬间冷却凝固，而铜材质利于保持温度。这种铜刀（见图 3-44）的设计类似绘图用的鸭嘴笔原理，刀口微开而中间略空，以易于蘸蓄黄蜡，借铜传热保温作画。这种用刀如笔的作画特点，形成了蜡染的特有表现方法，根据线条绘制的需要，不同规格的铜刀有三角形、半圆形、斧形等。

图 3-44　铜刀

③ 蜡染的制作步骤

织物准备：织物一般是手工家织的白棉布，由于家织白布一般含有杂质，所以要先用草木灰将布漂白洗净；然后用煮熟的芋捏成糊状涂抹于布的反面；晒干后用牛角磨平、磨光待用。如果是机织的全棉白布可直接使用。

图案设计：可以用铅笔直接在白棉布上画好图案，也可以把图样剪成纸样放在白布上定好轮廓，然后画出图案。

点蜡（见图 3-45）：把白棉布在台面上平放好，固体的蜂蜡放在陶瓷碗或金属罐里，用火把蜡加温到 60℃以上让蜡成液态，之后使用铜刀蘸蜡液，然后按提前画好的图案底稿进行二次描摹。使用铜刀在布匹上勾画图案时注意蜡液要渗透布匹。注意，用蜡填充的部分在经过染料染过后呈现的是底胚布的颜色，一般为白底布的白色。

图 3-45 蜡染工艺之点蜡

染色：将用蜡画好图案的棉布放在靛蓝染缸里浸泡，一般每一件需浸泡五六天。第一次浸泡后取出晾干，会得到浅蓝色；再放入浸泡数次，色彩会加深至深蓝色。如果需要在同一织物上出现深浅两色的图案，可在第一次浸泡后，在浅蓝色上再点绘蜡花浸染，如此往复就会出现深浅两种颜色花纹。当布料放进染缸浸染时，有些蜡封因折叠而出现缺损于是便产生了天然的裂纹，一般称其为"冰纹"。有时我们也会根据艺术效果的需要而刻意做出冰纹，冰纹会使蜡染图案层次更加丰富，具有天然别致的风味。冰纹是蜡染的灵魂所在。

固色（见图 3-46）：先将染好的布料从染缸中取出并晾干，再用清水加盐，浸泡染好的布料后取出并晾干。

图 3-46 蜡染工艺之固色

去蜡、冲洗：先用冷水清洗浮色，然后将布置入清水中煮沸，蜡遇高温融解，布上就会显现蓝白分明并带有"冰纹"的图案。余蜡可用电熨斗去除。

2. 扎染

扎染在古代称为"绞缬"（见图 **3-47**），是民间传统手工印染工艺中一种比较古老的工艺。它是通过纱、线、绳等工具，对织物进行扎、缝、缚、缀、夹等多种形式的操作后再进行染色的。

图 3-47　绞缬示例

扎染作为一种极具特色的民间染色方式，经过一千多年的流传与发展，逐渐形成了自己独特的工艺，拥有着与众不同的染色技巧和工匠精神。工艺与技巧相辅相成，技巧服务于工艺，工艺又无处不蕴含着各异的技巧。扎染的核心工艺在千百年的发展中万变不离其宗，而技巧随着时代的发展逐渐衍生出全新的方式方法来达到或者超越传统的扎染技艺。如今科技发展日新月异，扎染的工艺与技巧在保持原有特色和原理的前提下，艺术家对于新技术的追求与钻研可谓孜孜不倦，借助计算机和工业新技术，扎染的成本更加经济，设计上也体现了现代的审美需求，扎染迎来了全新的发展阶段。图 **3-48** 所示为扎染的示例。

图 3-48　扎染布艺娃娃熊

① 扎染的发展历史

扎染在我国的起源很早，距今已有两千多年的历史。新疆阿斯塔拉古墓出土的东晋时期的绛地绞缬绢，是迄今为止所知的最早的绞缬实物，从中可以看出东晋时期的绞缬工艺已经具有相当高的水平。

早在南北朝时期，绞缬制品就用于服饰，它制作精美，且分布地区很广泛。陶潜在《搜神后记》中说道："淮南陈氏于田种豆，忽见二美女着紫缬襦，青裙，天雨而衣不湿。其壁先挂一铜镜，镜中视之，乃二鹿也。"这虽是文学作品，但也可以看出在陶潜所处的时代，扎染技艺在民间广为流传，常被应用于女子的服饰中。据《二仪实录》称，扎染"秦汉间始有，不知何人造，陈梁间贵贱通服之。"南北朝时，扎染技术日益成熟，梅花形和鱼子形花样已普遍用于妇女的服饰。

在唐代，扎染技术不仅流传极广，而且还达到了非常高的水平。唐代植物染料的品种也比以前更丰富，并且染色技术也得到了极大的提高。妇女的衣裙、男子的袍服，以及家庭用的屏风、帐幔、门帘和床单等都会应用扎染技术。

1969 年，在一座有永淳二年（公元 683 年）墓志的墓葬中，发现一种用淡黄色绢为地，连续折叠缀缝，然后染成有色晕效果的棕色菱花满地纹样。这是比较复杂的一种绞缬，证明了唐代扎染技术的确已经达到很高的水平。扎染在唐代受到国人的喜爱，也反映出那个时代的审美追求和审美趣味。

五代时期，扎染在唐代的繁盛基础上继续发展。据《清异录》称："显德中创尊重缬，淡墨体，花深黄。二部郎陈昌达，好缘饰，家贫，货琴剑做缬帐一具。"即讲述了一个穷书生由于爱好扎缬，甚至可以卖掉琴和剑去换回一顶扎染帐子的故事，这也反映了当时的扎染流行程度以及扎染在人们心中的地位。

到了宋代，人们把更多的精力和人力投入到了制作精美的扎染作品当中。其中的"鹿胎缬"更是费工费时，导致提倡节俭的当时北宋政府难以承受，所以天圣二年，皇帝颁诏书："在京士庶不得衣黑褐色地白花及蓝黄紫地撮晕花样。妇女不得将白色褐色毛段并淡色匹帛制造衣服，令开封府限十日断绝。"这么一件老百姓衣食住行的普通日常事件，却得到了政府层面的关注，这从侧面说明扎染在当时的社会已经非常普遍了。

宋元时期染织技术继续发展。元代的《碎金》一书中所记载当时的染缬技术名目繁多：檀缬、蜀缬、撮缬、锦缬、茧儿缬、浆水缬、三套缬、哲缬、鹿胎缬等。

直到后来，随着战乱的发生、社会环境、经济生活的变化，明清资本主义的萌芽、欧洲化学染料的输入以及扎染自身的工艺不能适应批量化生产的需要，在中原地区扎染工艺日渐势衰，只在一些偏远地区保存了下来。目前在我国的云南大理、四川自贡、贵州、湖南等部分地区还能看到保存完好的传统扎染工艺。

② 传统扎染制作步骤

古人制作扎染的工艺过程："'撷'撮采线结之，而后染色。即染，则解其结，凡结处皆原色，余则入染矣，其色斑斓。"扎染的主要步骤有画刷图案、绞扎、浸泡、染布、蒸煮、晒干、拆线、漂洗、碾布等，其中主要有扎花、浸染两道工序，技术的关键是绞扎手法和染色技艺。染缸、染棒、晒架、石碾等是扎染的主要工具。

扎染分为"描红""扎形"和"染色",也是主要的阶段。"扎"好比是设计方案,"染"就是完成设计方案的手段。

第一步为描红。

根据作品的创作目的选择主题,然后进行主体性的画面意象选择,随后将意象在画面上进行整合与调整,逐步形成平衡的构图,之后进行描红,确定画面表现的意象形态。

这一步与绘画的创作几乎没有区别,图稿并非工艺的组成部分,却决定了之后的工艺、技巧的选择形式和复杂程度,其内容和构图彰显了艺术家对于生活和美学的态度和认知,是艺术品位的展现,也是扎染艺术创作的重点。

第二步为扎形,如图 **3-49** 所示。

图 3-49　扎形

根据事先的描红形态,通过打绞成结的各种不同程度的变化来达到明暗色彩的各种变化。

这一步需要事先在布匹上模拟出整个画面的最终效果,主要包括色相的分布,明度的变化,色调的和谐,过渡的软硬和边缘的虚实等,通过这些预先的设定,再用纱、线、绳等工具将织物进行扎、缝、缚、缀、夹等多种处理,更多的是借助针线来完成。

这一步是扎染作品质量的关键所在,考验着艺术家的美学功底、色彩搭配与布匹进行何种形式的扎结处理的判断,扎形工艺经过一千多年的发展已经拥有了相对固定的上百种技法,但根据画面表现的需求选择出相应的技法并不是一件容易的事情,需要相当多的实践经验才能做出完美的判断和取舍。并且不同技巧在布匹上的结合依然要进行具体的分析,如"缝"和"夹",缝所形成的线条凸起和褶皱对于紧紧相连的夹处是一个不小的影响,如何进行互不干扰的处理,或是将影响降到最低,甚至是将褶皱处进行巧妙的艺术处理,这些都是对创作和技术如何有机结合的考验。

扎形环节结束后,由针线将其缠扎严实,形成相对固定的形状,如麻花状疙瘩一般,因此又被称为"扎疙瘩",如图 **3-50** 所示。另外,点、线、面打绞成结用力的大与小、松与紧运用恰当也能够提振画面,突出主题,这也是虚实关系技巧的一部分。

图 3-50 扎疙瘩

第三步是染色，如图 **3-51** 所示。

从作品最终呈现的色彩上看，可分为单色染和多色染。顾名思义，单色染成品为单色呈现，多色染成品为多色呈现。从工序上看有浸泡冷染和加温热染，这两种方法均需要多次泡染才可呈现效果，如此反复浸染，每浸一次色深一层，即所谓的"青出于蓝"。缝了线的部分，因染料浸染不到，自然成了好看的花纹图案，又因为人们在缝扎时针脚不一、染料浸染的程度不一，带有一定的随机性，染出的成品不会有重复，具有独特性和艺术感。

对于多色染来说，每次染毕还需进行某些部位的防染措施，防染的方式也有多种，常见的是用塑料薄膜附于不需要染色的布匹区域，使其与另一种颜色染料隔离以达到防染的效果。

图 3-51 染色

3. 传统印花（蓝印花布）

印花可分为机器印花和手工印花两大系列，此处所指的传统印花主要是手工印花。手工印染具有悠久的历史，我国古代将其统称为染缬。从原始社会用矿物颜料在植物上进行简单的染色与着色，秦汉时期的凸纹与镂空版印花技术，印花敷衍彩技术，南北朝的蜡缬技术、绞缬技术，隋代的夹缬技术，直至唐代终于形成较为完整的染缬技术体系。

千百年来，有些技术因各种原因而失传，有的技术则流传至今，并在日常生活中得到了普遍应用。随着时代的发展，传统的印染技术也得到一定程度的创新和发展，近年来由于提倡生态保护和绿色生产、绿色消费，以自然染料染色为主的各种传统染色技术以及服饰面料，再一次受到服装生产者和服装消费者的青睐。图 3-52 和图 3-53 所示为蓝印花布示例。

图 3-52　蓝印花布服饰　　　　　　　　　　　图 3-53　蓝印花布图案

① 木模板印花

木模板印花是一种用凸纹木模板在织物上印花的方法，我国早在西汉时期就已经应用了这种技术。

木模印花板（见图 3-54）指的是用装有手柄的整体硬质材质的木块，在平面上来雕刻凸纹图案，也可以用金属或者硬木板，刻成图案后固定在木板上。从印花图案的设计上来说，要求它上下左右都能接版，并且当团花纹较大时，为了提高印花的均匀度，可以用一定强度的金属片（如铜片）等材料，按花型和轮廓来嵌入木块的表面，形成空心的框子，然后用毛毡类的材料填充进去。所以这种模板印制的花型轮廓比较光滑整洁，着色也均匀，并且能表现出细线条和点状。

印花需要在一定长度的平台上进行，台面还需要铺设有弹性的衬垫和方便去除污迹的材料。在印花的时候，先使用给色工具在木模板上的凸纹上蘸涂色浆，然后按照相应的部位压印在织物上，逐次进行。彩色的花纹可分别用多种多样的色浆按顺序压印，木模板印花靠手工来间歇操作，所以生产效率比较低，但是具有不同风格的效果。

图 3-54　木模印花板

② 镂空版型印花

镂空版型印花也称新版印花主要分成三大类：镂空型板白浆防染靛蓝印花、镂空型板白浆防染色浆印花、镂空型板色浆直接印花。

　　镂空型板白浆防染靛蓝印花俗称"药斑布"，又称"蓝印花布"，其印花方法是将刻好放样的镂空画板铺在白布上，将石灰和黄豆粉调成的糊状防染剂，用刮浆板刮入花纹镂空处，并漏印在布面上，待浆料干透，浸染靛蓝数遍，晾干后刮去防染浆层，即会显现蓝白相间的花纹。

　　蓝印花布是我国民间使用较为广泛的一种传统服装面料，其纹样多以形寓意，以意寓意，具有浓郁的乡土气息和淳朴的艺术美。它多用各种不同大小的圆点及长短细线来组合图案，这样的连接组合既有规律又有变化，且层次丰富，疏密相宜。

　　一般来说，蓝印花布以靛蓝色一色为主，在一些地区也出现过用红花染色的红色、甚至是多色的。

　　镂空型板白浆防染色浆印花是在白浆防染靛蓝印花的基础上发展一起来的，这种印花方法的不同之处在于它的染色是以多套色为主，并且可以运用局部的刷染和浸染相结合来取得丰富的染色效果。其印花的方法有深底淡色花样和淡底深色花样的两大类，唐、宋时期的服饰面料和日本的和服面料多用此种印花方法。

　　镂空型板色浆直接印花是用防水的皮质板材或者防水油纸板材镂刻成花板，然后使用色浆直接在镂空部位进行印花的一种方法，这种印花方法最早应用在我国战国时期，如长沙马王堆 1 号汉墓出土的"印花敷彩纱"和"金银色印花纱"等就是用这种印花方法制作成的。

　　③ 传统蓝印花布的制作步骤

　　刻版：在刷过桐油的纸版上刻花。刻刀需竖直，力求上下层花形一致。刻刀为斜口单刀、双刀或圆口刀，板下垫一层不伤刀口的垫子，有助刻画自如。镂空型板形式如图 3-55 和图 3-56 所示。

图 3-55　镂空型板 1　　　　　　　　　　图 3-56　镂空型板 2

　　刮浆：将花版一头固定于桌面，白胚布沾湿置于花版下面。黄豆粉加石灰作为防染浆，用水调和，当黏稠适度时，均匀刮于花版上，透过镂空的花形覆盖在底下的白布上，如图 3-57 所示。

图 3-57　刮浆

　　揭版：自花版一角直立掀起，不可在坏布上拖拉，以免损坏花样的完整性。

　　浆布：印有防染浆的坯布，要吊挂晾干才能入缸染色，如图 3-58 所示。

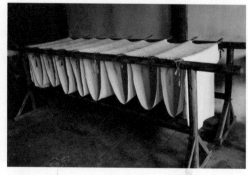

图 3-58　浆布

蒸布：经过蒸煮过的布着色更均匀，不易掉色。

染色：染缸调好颜色后，将浆布放入清水中略作浸泡，再平均地置入染缸约20分钟，如图 **3-59** 所示。

图 3-59　染色

显色：将布取出悬挂、透风，不断挑动布面，使其全部氧化均匀，以达到显色目的，如图 **3-60** 所示。染色和显色可依色泽深浅要求，重复多次。

图 3-60　显色

刮白：出缸布晒干后灰碱偏重，先泡酸水固色，清洗后摊平布面，以菜刀斜倾 **45°**，用力刮去灰浆。

完成：刮去灰浆的布清洗二至三次，将残留布面的灰浆和浮色去除干净，挂上晾晒架，如图 **3-61** 所示。

图 3-61　完成

第三节　手工编织

一、背景分析

编织工艺从产生至今共经历了 7000 多年，可以算是人类最经典的手工艺之一。传统的手工编织工艺在大多数人眼中是原始的、落后守旧的代表。因其传统的风格、复杂的过程、昂贵的价格以及低性价比，使其在当前的市场竞争中处于不利的地位。近年来，随着人们购买能力和审美情趣的提高，传统的手工编织工艺再次受到人们的关注、保护、继承和发展。人们开始追求实用品的艺术风格，产品不仅可以满足用户的基本需求，还可以作为一件艺术品来观赏，如图 **3-62** 所示。

1. 中国传统手工编织工艺的现状

中国多数的传统手工编织都是普通工人通过手工编织出来的，其最基本的目的就是为了满足生活和生产的需求。现在，在中国制造的手工编织产品还是以家庭为单位的比较小的店铺，生产规模小，它们在资金、工艺和美学方面发展缓慢。由于手工编织者的低收入，很多人都不愿意从事手工编织工艺，为了生活，很多之前一直从事手工编织的工人已改做其他职业。在一些地区，当地的传统手工编织工艺正面临着失传的风险。从 21 世纪开始，计算机编织绣花、激光雕刻等技术的出现，为编织类产品的生产和制作带来了便利和更高的经济利益。而手工制作出的产品是昂贵的，这使得它们无法适应现代产品的发展需要，并开始逐渐淡出人们的视野。

图 3-62　现代手工编织灯饰

2. 产品设计中传统手工编织工艺的应用现状

在国内，利用编织工艺制造出来的手工艺产品，因为制造出来的都具有不同的特点，大致可将之分为两类：一类是因为"实用"，这些与我们的日常生活息息相关，具有很强的实用价值，但审美价值不高。例如，竹帘、垫子、靠垫和其他日常用具，在我们的生活中很常见。另一类主要用于观看，以满足人们精神层面的需求。

在国外，由于地理和种族差异，国外手工编织产品具有不同的特点。日本的竹艺术具有强烈的设计感和实用性，并且有某种"禅"的意境，如图 **3-63** 所示。直至今天，竹的编织工艺在日本仍然充满活力，并广泛用于茶具、灯具、花瓶和建筑。随着现代工业的兴起，传统的手工编织工艺与现代工业化相结合，将它的艺术性和实用性结合起来，形成一个更舒适、更人性化的设计风格。例如，手工编织的柳条椅、竹灯、榻榻米、原竹斗笠等，都极受消费者青睐。近年来，传统的手工编织工艺正处于重生和恢复阶段。传统手工编织工艺再次被人们关注起来，相信很快就会如雨后春笋般兴起。

图 3-63　日式子非鱼灯具

3.中国传统手工编织的发展屏障

对于传统手工编织设计,我国的设计能力相对落后,它的价值体现和技艺的传承与发展遇到许多障碍,特别是在时代发展下暴露出了很多问题和局限性,主要有以下几点。

①传承方式单一

我国传统手工编织工艺虽然源远流长,但是传承方式比较单一,与社会、市场接触少。中国保守的传统观念对工艺的传承具有严格的要求,而除继承者以外的人,往往很难深入了解传统手工编织工艺的材料、工艺和技法,从而无法拓宽手工艺的发展空间。

②艺术价值与商业价值不匹配

中国传统手工编织艺人常常生活在较封闭的山区和不发达地区,其所编织的作品投入市场进行买卖,也只是在极小范围内,没形成产业链。与此同时,手工编织的产品体现的是一种艺术活性,它们的价值主要由生产材料、制作细度、生产的时间、呈现的形式和创新的程度来测量,没有严格的定价标准,导致其艺术价值无法匹配商业价值。

③机械生产带来强烈冲击

长期以来,传统手工编织在我国有着优良的群众基础和认知度。然而,在现代机械化的快速发展中,它正在快速萎缩。如今,人们花很少的钱就可以买到机械化大批量生产的编织产品。这些产品成本低、价格便宜且耐用,占据了大量的市场份额。但同时,机械化生产也在很大程度上削弱了编织产品的创造活力。

二、布艺与编织软装饰

1.编织物材料

一般地,织物结构有针织布、梭织布、编织物、有经编织物、纬编织物、缝编织物、钩编织物、线编织物八种。中国编织工艺品按材料的种类划分,主要有麻编、竹编、棕编、柳编、草编、藤编六种。

2.编织方法

在编织过程中我们也可以把丰富多彩的图案编进我们要编织的手工艺品里面,常见的编织技法有编织、包缠、钉串、盘结等。

① 编织

编织涵盖了编辫、平纹编织、花纹编织,绞编、编帽、勒编等手工工艺。编织的分类很少,草篮、草帽、地席的半成品都是组成编织的材料。平纹编织以经纬为根际,相互依次慢慢地挑上(纬在经上)、压下(纬在经下)然后形成花的形状。在平纹编织的基础上不断地更换编法,慢慢地就形成了花纹编织,花纹编织的每个材料之间连接得都很紧凑,基本不会看见经。图3-64所示为一种编织样式的图解。

②包缠

包缠是用某种材料制成芯条,然后把其他材料依次缠在某种材料制成的芯条上面,经过一段时间后就能编织成我们想要的花纹和造型。这些分缠扣、包缠、棒槌扣等三种。缠扣是利用最常见的编法将材料编织成玉米皮,技巧并不复杂。包缠就是将需要的材料向一个方向均匀地缠绕芯条包缠,这种编法制作的成品很坚固。

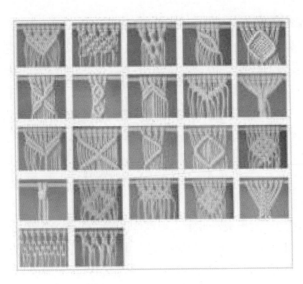

图 3-64 编织样式的图解

③钉串

钉是利用针线或其他原料将分开的两个部分串联编织成一个物体，变成可以使用的产品；串则是人为地让两个之前不在一起的物体聚集在一起，其实不是连成一体。

④ 盘结

盘结是以经纬形式和包缠、结扣相结合的编织技巧。如在生活中常见的马莲朵、套扣等。马莲朵又称打结，它利用玉米皮缠绕的芯条为基础，将两者掩压、盘结，这样就可以制成一个有立体感的莲花形状的四方连续花纹。类似的套扣也使用了这种打结方法，但它与打结的不同之处在于，套扣的形状看着比较扁平，没有一点立体感。

3. 软装饰的价值分析

家居中的软装饰是相对于硬装饰而言的，一个完美的家居环境离不开软装饰，软装饰具有特殊的造型优势，其柔韧性易于造型设计，因此软装饰的造型方法相对简单、随意。除此之外，软装饰设计还有不可替代的物质功能价值和精神功能价值。

①物质功能价值分析

第一，舒适耐用。例如，相对于古代使用的窗板来说，窗帘不仅能遮光、保护隐私，且实用性更高，使用期限长，能让环境更加舒适。

第二，可划分空间。拥有非常灵活的性质，不同的色彩、材质、肌理能给人不同的视觉上和心理上的感受。

第三，吸音隔音。软装饰拥有较好的吸收声音的功能，可降低外界的噪声，如地毯能消除人们走在地上的脚步声。

②精神功能价值分析

"家永远都是我们温暖的海湾"。无论是从心理上还是从生理上来讲，人们都倾向于选择舒适、丝滑的材料。这些材料可以营造出温馨、美好的家庭氛围。软装饰可以打破冰冷无感的空间感，为人们提供温暖、舒适、养眼的家居环境。

③文化认同

布料在家居空间中的应用历史悠久，并且已经持续发展到了今天，世界上所有国家对布文化都有着深刻的认同感。例如，我国汉代的装饰图案常用云状图案，波浪起伏的云朵线条如图 3-65 所示，给人一种别出心裁的感觉，也表达了对幸福生活的期望。汉代的这种模式已经从一种简单的美的形式发展成为一种精神美。每个国家的面料都有着每个国家的风格，这也体现了每个国家不同的文化。

图 3-65　祥云图案

4. 布艺与编织软装饰在家居产品中的适用性分析

家居产品也有简约主义的风格，但简约主义不是简单主义，而是设计元素和方法的简化，去掉了多余的装饰。因为目前简约主义风格符合现代人对家居空间的预想，所以就得到了更广泛的关注和需求，当之无愧地成为目前家居设计风格的主流。实用性是家居空间选用布料时最首要的考虑因素，然后才是图案、纹理、颜色等的选择，这在家居设计是不可或缺的。织物材料本身的实用性特点也是与简约的设计理念一致的。

在材料的选择上，追求简单的原生态，常采用棉、麻等天然纤维材料。这些天然纤维材料不仅体现回归自然的本质，同时也体现保护自然环境的理念，能给人带来一种温馨和亲切的感觉。整合人们的情感需求，为家居设计强调情感化设计，而情感在家居空间的表达主要是通过材料实现的。织物的质地有很多，人们可以根据自己的个人喜好相匹配。这强调了以人为本，满足不同人群的个性化需求。

三、手工编织工艺再设计

我国是一个多民族聚居的国家，文化的交融产生了独特的氛围，其中手工编织便根植于这种多民族文化和象征精神中，承载着一个时代的文化脉络、流行趋势和元素，是我国的文化瑰宝。结合了现代家居风格的传统编织技术，将无形的工匠精神融入有形的日常物品中，让传统工艺走进现代生活，针对性地加以创新再设计，使传统编织之美更加符合现代人的消费观和审美观。

①实用性

不管何种工艺在家居中以何种形式出现，首先都要发挥其功能，不能仅因为外观而忽视其用处。

②人性化

所有的家居物品，无论怎么去设计都是给"人"使用的，家居产品的设计也必须是符合人性化的设计。有位学者曾说过，美学、技术、经济是生活中的三维，其实，最重要的是很容易让人忽略的第四维，那就是人性。人性化的设计原则必须以"人"作为核心。

③情感化

在物质极为丰富的今天，人们对情感的需求不断增加，情趣化和形态仿生设计在手工编织设计中受到越来越多的重视。在家居产品设计中融入人的情感需求也是至关重要的，而家居产品都是利用材料来表达人的情感的。编织工艺和布艺以其特有的柔软质地，带给人柔和、温暖的感觉，可以引起消费者的回忆和共鸣。

④质朴性

在材料的选择上，追求简单的原生态，采用棉、麻等天然纤维材料，如图 **3-66** 和图 **3-67** 所示，突出环保理念。目前，天然的材料深受人们的喜爱。

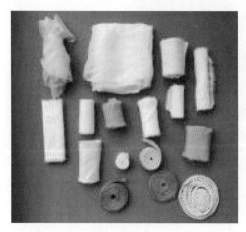

图 3-66　棉布、麻、纱、涤纶布等

图 3-67　再生棉绳、包芯编织绳、三股棉

第四章

布艺软装设计

一、布艺家具产品的主要风格

几乎所有室内软装的设计都是从定下风格的基调开始的。设计和实施方案的过程，都是紧紧跟随最初定下的风格展开的。布艺家具产品的设计也不例外。在室内设计中，布艺家具产品因拥有众多花纹样式，且风格多变，所以被设计师广为应用。大多数布艺家具产品的风格偏温馨舒适，能与布料本身的特性相呼应。

以下是布艺家具产品几种常见的风格应用。

1. 简约风格

简约风格不是单纯的从简设计，而是将设计的元素和运用的材料简化到最少，追求一种以少胜多、以简胜繁的效果。但是该风格对整体风格的色彩和家具的材质质感要求很高，简约而不简单，能够调节现代人快节奏生活所带来的压力，给人一种简洁纯净、平静轻松的感觉。布艺家具产品常应用该风格，布料常使用样式简单、触感舒适的棉和亚麻，也有颜色明快的印花布料，示例如图 4-1 所示。

图 4-1　简约风格布艺家具

2. 田园风格

田园风格也是一个与布艺家具产品在整体氛围上很契合的风格，这种风格的布艺家具可将人们从钢筋混凝土的城市高墙带回大自然。它通常以动植物的花纹为主，在色调上一般选用靠近大自然的颜色，比如天蓝色、嫩绿色，颜色较细腻柔和。它运用舒适自然风格的布艺，拉近人与自然的距离，示例如图 4-2 所示。

图 4-2 田园风格布艺家具

3. 新古典风格

新古典风格又称现代欧式风格，它摒弃了传统的欧式风格中的过度华丽的部分，保留了欧式风格的一些传统元素，将古典的元素融入现代的简约风格中，以线条和色彩为主，简化装饰，追求一种轻松且典雅的氛围。该风格的布艺家具通常在布艺的细节上加上蕾丝、镶绣和镂花等元素，运用一些细节创意创造一种雅致的氛围，示例如图 **4-3** 所示。

这种风格的布艺家具产品体现更多的是布的质感和色彩，图案方面比较弱化，整个空间的色块都是纯净的，应用较多的色系为裸色系、灰色系、蓝色系等。在布料的质感上主要是以大面积的简约和舒适为主，它一般会避免使用太"高调"的布料。

图 4-3 新古典风格家具

4. 中国民族风格

"中国风"现在深受世界各大潮流品牌的喜爱。在布艺家具产品的设计中，可以融入的中国元素有很多，比如中国传统的刺绣图案及其肌理，如图 4-4 所示。

中国传统室内布局讲求层次感，常用隔窗和屏风来分割空间，以展现中式家居的层次美。在屏风布艺的运用中，可以在大面积的布料上展现中国风的图案，例如，国画、书法等，也可以直接将花卉或是山水用印花的方式应用到屏风、窗帘、抱枕和地毯等布艺家具产品上。

图 4-4　中国民族风格家具

5. 个性风格

随着时代的发展，很多室内设计中的个人观念和思想渐渐凸显出来。每个人的个性不同，文化背景不同，兴趣爱好不同，以至于每个人对于自己居住空间的风格要求也不一样。许多人都想打造专属于自己的独特空间风格，使生活空间与自己的个性一致。有的人还会通过定制或者自制（DIY）布艺家具产品和布艺小装饰品来点缀自己的房间，这也反映出现代人对生活的热爱和每个人独一无二的审美，也向我们展示了现代美的多样性。个性风格布艺家具示例如图 4-5 所示。

图4-5 个性风格布艺家具

6. 装饰艺术风格

装饰艺术风格最大的特点就是运用自然化的元素，融合东西方的文化和现代新的艺术，将技术、功能、艺术和空间相结合创造出一套新的艺术风格，这也是当下比较流行的一种风格。这种风格简洁而不失装饰性，在原有的线条的基础上又灵活运用了重复、对称、渐变等变换法则使几何造型充满装饰性。

由于这种风格的灵活性，因此布艺家具在图案和质感的选择上比较灵活，选取与风格比较统一的方形、菱形和三角形等几何图案为主，这些图案具有装饰性，能给人一种缤纷、丰富的感觉；还有很多运用偏自然的图案，如麦穗、太阳等，这类图案会显得风格偏华丽。正如多数室内设计以白色为底色基调，通过几何造型和不同材质之间的对比，就会让整个空间瞬间丰富起来。还可以利用很现代化的特定符号等元素配合构造出精致、超前的现代生活空间，产生很强烈的视觉映像。装饰艺术风格布艺家具示例如图**4-6**所示。

图 4-6 装饰艺术风格布艺家具

7. 混搭风格

顾名思义，混搭就是运用混合搭配的方法，将不同地域、不同文化、不同风格的元素组合搭配，形成一个新组合。

在软装上的混搭强调的是不同风格的元素在同一个空间内出现，对整体的风格起到不同的作用，混搭风格既能体现不同风味的细节特点，又能通过组合形成新的氛围和独特的空间感受。混搭看似混乱，实则"出奇制胜"。虽然融合的元素有很多，但绝对不是乱搭，混搭的关键就是整个作品一定要在一个大基调里，以大基调为主线，其他风格和细节作为点缀，但整体上要协调。

混搭风格很容易将产品组成元素的艺术之美发挥到极致。例如，现在有一个室内设计的项目，大基调为西方风格，我们可在运用西方布艺的同时，加入典雅的中国风图案，比如绳结的线条或者是鹤的元素，将之应用在小面积的布艺装饰上面，比如灯罩、装饰品等，但不要喧宾夺主，这样一来，就融合了两个大相径庭的风格，营造出了精致的氛围。混搭风格布艺家具示例如图 4-7 所示。

图 4-7 混搭风格布艺家具

8. 奢华风格

奢华风格曾经的标志就是金色的水龙头和大理石，而现在已经全然不同了，主要是以简约的方式来装饰空间，应用现代科技和工艺取代造型上的繁复奢华。

所以在布艺上，奢华风格不是要求图案有多么华丽、多么精美，而是要呼应新时代带来的科技感和未来感，也就是在布料的质感上下功夫，比如，银色的绸缎材质，或者是灰色的植绒布料都能表现出这种风格要求的现代奢华感。在布料的质感上营造奢华的感觉，使其看起来更高级、更有层次和内涵。奢华风格布艺家具示例如图 4-8 所示。

图 4-8 奢华风格布艺家具

图4-8 奢华风格布艺家具（续）

9. 古典风格

古典风格包括 **3** 种：中式古典、欧式古典和新古典风格。

中式古典风格的特点是总体布局讲究对称均匀和稳健端正。传统家具具有材质昂贵、工艺复杂的特点，颜色常以深棕、棕红、褐、黑为主，现代中式布艺家具产品一般会保留家具的传统造型框架，只在坐垫和靠枕的布艺下功夫，布艺的各元素运用与中国风的差别不大。而饰品搭配方面以红、绿、黄等丝制布艺织物为主。中式古典风格家具示例如图 **4-9** 所示。

图4-9 中式古典风格家具

欧式古典风格追求的是华丽、高雅的氛围，颜色和图案都很丰富，颜色上以红蓝、红绿为主，点缀以粉蓝、粉绿、粉黄，饰以金银饰线。这种风格比较注重背景色调，所以地毯和窗帘这类布艺起到决定性的作用。

新古典风格又称现代欧式风格，它摒弃了传统欧式风格中过度华丽的部分，保留了欧式风格的一些传统元素，将古典的元素融入现代简约中，以线条和色彩为主，简化装饰，追求一种轻松且典雅的氛围。在布艺家具产品方面，该风格通常会在布艺的细节上加上蕾丝、镶绣和镂花等元素造型，运用一些细节创造出一种雅致的氛围。新古典风格家具如图 4-10 所示。

新古典风格在布艺上的体现更多的是布的质感和色彩，图案方面比较弱化，整个空间的色块都是纯净的，应用比较多的色系是裸色系、灰色系、蓝色系等；在质感上主要是以大面积的简约和舒适为主，一般避免使用太高调的布料。

图 4-10　新古典风格家具

二、布艺家具产品面料分类

如果说室内构造和家具是装饰装修的骨架的话，那么布艺就是整个家居装修的外衣。通常所见的布艺的家居产品有沙发、灯具、椅子和床等这些与人们的休息密切相关的家具，其中最受关注的是沙发。沙发作为软体家具的一种，舒适性与美观性的结合是关键。在沙发的诸多组成要素中，面料不仅影响着直接的落座舒适感，而且还是外观、档次的重要体现。常用的布艺沙发面料有 8 种不同的类型。

1. 植绒布

植绒布是布艺沙发常见的一种面料形式，主要利用的是异性电荷相互吸引的物理原理。植绒布料颜色丰富且鲜艳，在视觉上很有立体感，同时也有很舒适的触感，相比其他布料更耐摩擦。通常用植绒布制作的沙发或是其他布艺家具产品都给人一种沉稳、高档的感觉，如图 4-11 所示。

图 4-11　植绒布沙发座椅

2. 割绒布

割绒布，顾名思义就是被切割开来的绒布。在生产之初，它的坯布是双层的，然后使用切割的方法从坯布中间切开，从而产生了绒面，制造出了肌理。这种绒并不是很牢固，所以后来增加了刷胶的步骤，从而固定住绒面。割绒布比较平整且耐磨，整体光泽度很好，割绒布沙发座椅如图 4-12 所示。

图 4-12　割绒布沙发座椅

3. 印花布

印花布家具一直是年轻人的最爱。印花布按工艺不同可以分为转移印花、渗透印花、活性印花。印花布最明显的特征就是色彩绚丽，家具的整体风格比较活泼。印花布沙发座椅如图 **4-13** 所示。

图 4-13　印花布沙发座椅

4. 提花布

用经线、纬线错综地在织物上织出凸起的图案称为提花。用不同颜色的纱线织成的就是双色甚至多色提花布。这种工艺相对前几种略微复杂，但手感丰满，质地厚实，十分舒适，具有良好的透气性。提花布料布艺靠垫如图 **4-14** 所示。

图 4-14　提花布料布艺靠垫

5. 棉布

中国植棉历史已有 **2000** 多年。《尚书·禹贡》中有"岛夷卉服、厥筐织贝"的记载，说明当时东南沿海一带居民已穿上了棉制品的服装。纯棉织物由纯棉纱线织成，织物品种繁多，花色各异。纯棉织物透气性好、吸湿性强、穿着舒适，可按染色方式分为原色棉布、染色棉布、印花棉布、色织棉布；也可按织物组织结构分为平纹布、斜纹布、缎纹布。棉布制品在外观上具有朴实丰富的自然美感，光泽柔和，图 **4-15** 所示为用棉布制作的沙发座椅。

6. 麻布

麻布是以亚麻、苎麻、黄麻、剑麻、蕉麻等各种麻类植物纤维制成的一种布料。麻布制成的产品具有透气清爽，柔软舒适，耐洗、耐晒，防腐、抑菌的特点。相较于棉布，麻布外观质地粗犷，纹理清晰，充满原始自然的气息。亚麻布、苎麻布、棉麻混纺的布料等随着纤维来源的不同呈现出丰富的材质表现，非常受现代设计师的青睐。麻布可以吸附人体皮肤上的汗水和微汗，使体温迅速恢复正常，可达到透气、吸汗效果，冬暖夏凉。棉麻布沙发座椅如图 **4-16** 所示。

图 4-15　棉布沙发座椅　　　　　图 4-16　棉麻布沙发座椅

7. 化纤面料

化纤就是人造的高分子聚合物，结实耐用，易打理，具有抗皱免烫特性。添加抗菌剂，它就能具有抗菌功能；添加矿物微粉，它就能具有低辐射功能或远红外辐射功能。

8. 麂皮绒

麂皮绒就是用动物麂的皮绒制作的面料，在布匹市场，麂皮绒已经成为各种仿皮绒的俗称。这种面料的特点是毛感柔软，有糯性，悬垂性好，质地轻薄。

三、布艺家具产品的优缺点

在现代家具的选择中，越来越多人选择布艺家具产品。相比于皮质和木质的家具来说，布艺家具产品具有完全不同的质感，它给人的感觉是比较舒适和亲和的，看上去简单方便。

布艺家具产品的优点如下。

（1）在欣赏体验方面，布艺家具产品通常要比木质家具产品更能带给人一种家的温馨，因为不管是面料的触感还是直接的视觉感受，都是柔软、亲和的感觉。而且通常的布艺家具产品是可以拆换的，所以在风格上是多变的，可以是素净的棉麻，也可以是民族风的印花图案，更符合各种类型人群和各季节的要求。

（2）在触感方面，布艺家具产品的面料透气，使用起来柔软、舒服，特别是用来坐和躺的布艺家具产品，这方面尤其占优势。

（3）在安全性方面，国内布艺家具产品都是采用实木框架加上厚实的面料和密度较高的海绵填充，没有坚硬和锐利的部分裸露在外，如图 4-17 所示，所以相对而言安全性较高，而且很环保。

图 4-17　实木框架的海绵填充沙发

布艺家具产品的缺点如下。

（1）在持久性方面，相比于皮具清洗保养后的焕然一新，布艺家具产品外套虽然能够拆洗，但是清洗次数多了之后，色彩图案会逐渐淡化，显得家具老旧，影响整个家装的氛围。

（2）在材料的韧性方面，由于布艺家具产品多数采用棉纤维材料，而棉又有吸水会膨胀、易变形的弊端，所以时间久了布艺的表面会由于清洗和压力的原因变形。如果布艺家具产品框架不是实木框架的话，使用时间长了之后弹性会变差，不耐用。

布艺家具产品十分契合于现在的快节奏生活和简约、舒适的家居理念，在很多方面都受消费者，特别是年轻人的青睐。同时，它在价格上也有优势，还比较环保。随着现代家居理念的改变，布艺家具产品的发展越来越多样化，也越来越受到大众欢迎。

四、布艺家具产品设计研究

1. 布艺家具设计原则

布艺家具应用形式分为材质、色彩以及图案 3 种。由于布艺的种类繁多，所以需要充分考虑在室内设计中的应用，除了风格一致外，还要考虑布艺的清洁和耐磨等问题。

布艺家具产品在室内设计中的应用应遵守这几条规则。

①布艺花色和主题风格的协调

人们在进行布艺家具设计的时候，通常会从设计的意境和风格的角度出发，保持设计风格的一致性，并且使布艺家具产品更突出家居风格文化，例如，整个室内的基调设定为北欧风格（简约自然的风格），那么通常搭配的是造型简单、颜色淡雅的亚麻色布艺沙发，如图 4-18 所示。

图 4-18　北欧风格家居搭配

②统一和对比的方法

在选择和室内设计风格一致的布艺家具产品时，既要风格统一，又不能在颜色上完全一样，需要有适当的差别以增加层次感，可以使用花纹点缀空间，也可以利用冷暖色系做出变化，利用家具达到画龙点睛的效果。

由此可见，布艺家具产品在整个室内软装设计中十分重要。所以在进行布艺家具设计时，首先需要充分掌握布料的材质和属性，只有充分了解这些内容才能够进行合理的设计，保证最终的呈现效果。其次还要深刻体会家具布艺的艺术美感，不管是什么样的产品设计，设计师始终追求的是"和谐"的状态，需要保证风格的统一性，为使用者带来温馨舒适的体验。

在努力营造舒适、温馨的室内环境的前提下，布艺家具产品还可以发挥对使用者的心理暗示作用。首先在色彩的运用方面，不同的色彩会给人带来不同的心理暗示，可以通过色彩的搭配来引导人们的情绪变化，起到调节情绪的作用。其次，通过布艺家具产品的不同风格，在不同的空间中营造出不同的氛围，可满足人们不同的心理需求。

综上所述，布艺家具产品在室内软装设计中有很广泛的应用。通过在室内软装设计中合理使用布艺家具产品，可以营造舒适温馨的室内环境和家庭氛围，一定程度上满足人们的心理需求。

2. 布艺家具产品在室内设计中的应用

① 布艺和室内环境色彩的关系

在选择和设计布艺家具产品时，色彩的运用尤其重要。布艺家具的色彩既可以与大环境统一，又可以采用色彩对比的形式让气氛更活泼、跳跃。

当室内环境的色彩比较单调时，这时候布艺家具可以作为跳跃的部分与环境形成对比；当室内环境的色彩已经相当丰富时，则布艺家具应当融入大环境中避免颜色过多对室内环境造成的无序感。另外，在相对空旷的空间中，布艺家具应该保持独立的视觉效果，可以偏浓郁艳丽一些，这样会更具有装饰性，如图 4-19 所示；而在相对狭窄的空间里，布艺家具的色彩和图案应该相对淡雅一些，如图 4-20 所示。

在不同的空间中，如客厅、书房、卧室和儿童房等，家具布艺的也应该通过色彩烘托相对应的氛围，例如，书房的家具的色彩应简单素净，儿童房的家具可以五彩斑斓，如图 4-21 所示。

图 4-19 大空间中颜色浓郁的家具

图 4-20 小空间中颜色淡雅的家具

图 4-21 儿童房布艺产品

② 布艺家具和空间的关系

在室内的功能分区中，家具产品可以起到生活功能区的作用，而布艺家具是室内空间的一个个闪光点，是画龙点睛之笔，没有这些闪光点，室内空间就会黯淡无光。

通过软装来让室内空间有灵动和流动的特性，是现代室内设计的一大趋势。现在，开放式客厅和厨房开始流行起来，整个室内空间都是相通的，是一个整体。那么，布艺家具就是划分区域的关键，不仅能够使人们一目了然地了解功能分区，还能使空间具有流动性，大大提高空间利用率，这就是布艺家具产品在空间中的作用，如图 4-22 所示。

图 4-22　布艺家具产品划分空间

当然，布艺家具产品不仅能区分空间功能区域，还可以通过布艺家具产品的风格来强化该空间的风格，对居住空间的风格形成产生积极的影响。因为布艺家具产品的材质、纹理、造型等各种因素都充分展示出了本身独特的风格，再将其融入空间风格中，无疑更加凸显了空间风格的特征。比如，在一个中式风格的客厅中，配套放置有刺绣纹样的沙发座椅，就可以起到强化中式风格的作用。

而且，布艺家具产品可以适当地调节空间形态。例如，在一个很空旷、建筑线条很硬朗和色调单一的空间中，待的时间久了会让人觉得枯燥、烦闷甚至厌倦，但是如果在空间中运用颜色跳跃、线条柔和的布艺家具产品，就可以打破烦闷，使整个空间变得明朗起来，既改变空间形态，又美化空间风格，一举两得。

当然，在布艺家具产品上可以体现出在空间上的更多应用，比如，使空间体现出地域特色（见图 4-23）、加强空间的情趣性等。

图 4-23　布艺家具体现地域特色

五、布艺家具风格的搭配方法

布艺是家居软装的重要组成部分，由于其色彩、质感多样，因此会有很多种搭配的方法。在家居软装设计中，布艺家具的搭配尤其要注重风格搭配、图案搭配和质感搭配这 3 个方面。下面主要介绍图案搭配和质感搭配。

1. 图案的搭配方法

越来越多的人选择布艺软装，是因为布艺中的多种多样的纹样和图案，可以碰撞出不同的火花。但是在美学角度，有些纹样是不适合搭配在一起的，很容易弄巧成拙。而现在随着人们的审美的变化，这些纹样又是可以混搭在一起的，在某些特定的情况下，甚至会产生眼前一亮的效果。

主要有以下几类搭配方法。

①大胆混搭

将几何、花纹、条纹、波点等这些图案样式以不同的方式融入同一个空间中，同时要注重搭配的有序性、相互的融合性。

具体混搭应该注意这几个规律：不要使用面积太过庞大的几何图案，如果有花卉植物图案，花卉的图案尽量选择造型相对柔和的，最好将主色调控制在 3 种颜色以内。

例如，图 4-24 所示中混搭布艺的基本色调为橙棕色，虽然每一个抱枕的颜色不一样，但都是统

109

一在大色调下的，整体感觉很和谐。纹样包括几何格纹和花草纹，纹样都很柔和，所以这种图案的混搭就是成功的，风格既统一，又有不一样的变化蕴含在整体里。

图 4-24　混搭布艺

②保留韵味

如果你对某个纹样图案情有独钟，但在空间中反复应用这一个图案容易显得单调乏味，产生疲劳感。所以可以保留这一纹样的使用，只改变图案的大小和疏密关系，营造出不同区域的层次感，这样既可以保留喜欢的图案，又可以呈现出很好的空间感。但是切忌图案使用得过于多和频繁。

③固定类型

如果想打造出统一但又富有变化的空间，那么可以选取同一类型的图案，例如，几何类（见图 **4-25**）、花鸟类，再从细节中挑选做出改变。在同一个空间中，选取同一类型的图案可以很容易营造出整体氛围，这是这种搭配方法的好处。

图 4-25　几何类图案布艺

④视觉中心

在突出功能的房间中，艺术化的布艺图案，会成为空间的视觉中心（见图 **4-26**），让人不自觉间被感染，心情变得欣喜和明朗。这种方法是将布艺的图案突出为房间中的亮点，不需要过多考虑图案类型的搭配，其重点在于艺术图案纹样的选择。

图 4-26　布艺体现视觉中心

2. 质感的搭配方法

①单一质感

这种搭配方法很常见，一般是在确定了总体风格之后，为了避免层次过多而舍弃一部分来突出重点的方法。例如，在一个田园风格的室内空间，自然感的植物纹样已经在窗帘、沙发、地毯上都有体现，如果再在布料上做文章就显得过"满"，所以，我们常常看到的田园风格的布艺材质都是极其统一和简单的，一般都使用棉质布料，如图 **4-27** 所示。

图 4-27　单一质感布艺

②丰富质感

在简约的风格中，以北欧风格为例，大多数采用的都是温和的色调，统一趋近的色彩。在这种淡雅的环境中，怎样使空间富有层次感，重点就在于打造层次多样的布艺的质感（见图 4-28），在材质的选择上，可以挑选纹理丰富的布料来调和点缀，如割绒布、棉麻等，甚至可以利用肌理的造型，如流苏、刺绣等。

图 4-28　丰富质感布艺

③丰富质感和纹样

在一些比较特殊的风格中，可以兼顾个性化和古典风格，而不打破原风格。个性化风格是根据喜好来打造使自己舒适的空间，在元素的应用上可以是丰富的；古典风格追求精致典雅，布艺的肌理和图案不会互相矛盾，两种风格相结合就可以营造出精致和古典的韵味，示例如图 4-29 所示。

图 4-29 质感、纹样丰富的布艺

第二节 窗帘布艺产品

一、窗帘布艺的分类

窗帘的布艺面料常使用纯棉、麻、涤纶、真丝或几种原料的混织。棉质面料质地柔软、手感好；麻料面料垂感好，肌理感强；真丝面料高贵华丽；涤纶面料耐刮、色泽鲜明、不褪色、不缩水。

1. 印花布

印花布是在素色的坯布上转移或者网印出色彩和图案。其特点就是有各种艳丽的色彩和丰富的图案。

2. 染色布

染色布就是在白色的底布上染上单一颜色。该布的颜色唯一，给人素雅、干净的感觉，如图 **4-30** 所示。

图 4-30 蓝色单色染色布料

3. 色织布

根据需要，先对坯布分类染色，然后再交织构成特定的色彩和图案的布就是色织布。色织布的特点是色彩纹理鲜明，比较有温馨感，如图 **4-31** 所示。

图 4-31　色织布布料

4. 提花印布

把提花和印花两种技术结合在一起的布称为提花印布。

5. 遮阳布

遮阳布是用来避免室内强光照射的一种不透光布料，它具有阻挡强光和紫外线的功能，也具有很好的私密性。遮阳布作为窗帘具有冬暖夏凉的特点。

二、布艺窗帘设计研究

1. 布艺窗帘在室内软装中的重要性

窗帘是室内空间中一个设计的重点，对室内风格基调有重要的影响，窗帘由于面积大，每个空间都会有，所以在室内软装的设计中占有很重要的角色。窗帘不仅是一个保证私密性的工具，还是室内空间功能划分的应用工具，也是整个室内空间风格的体现者。

在室内设计中，窗帘的颜色图案、材质质感、长宽以及透明度这些元素都要考虑充分，因为不同元素的运用会导致整体的氛围截然不同。

因此，在室内软装设计中，窗帘是一个重要的要素，可在统一色调和风格方面发挥重要作用。窗帘主要布置在客厅和卧室，由于现代社会的发展，窗帘除了起到日常的遮光、吸音降噪、保护隐私等作用外，还有阻燃、隔热保温、单向透视等功能，也是每个家庭的必备装饰品。

2. 布艺窗帘和色彩的关系

通常大面积的布艺产品，如窗帘布艺的色彩和图案最好统一、协调，这样也可令室内空间的整体色调统一，同时也要合理地搭配窗帘上大面积的颜色和小装饰品之间的颜色和图案，来追求和谐、统一的效果。

当然，窗帘的色彩和材质的关系也不容忽视，应重视色彩和材质质感的匹配度和协调关系，注重细节上带来的影响。要使窗帘的大色块融入室内空间，并起到很好的观赏效果，就应注重以下 **3** 种色彩的调和。

① 主导色

主导色就是空间中的主题色，在进行室内设计时，一般会设定一个主导色。主导色是人们进到空间中产生第一印象的颜色，在后续的设计中，包括窗帘的选色和图案都尽量避免与主导色产生太大的反差和对比。所以，窗帘布艺的色彩要与主题色和谐统一。例如，房间主导色为淡黄色，那么，如果想要明朗的效果，则可以选择黄色或白色的窗帘；如果想获得颜色跳跃的感觉，就选取同色系的橙色系，或者绿色系。如果空间的主导色为白色，那么，窗帘的颜色只要不和家具的颜色互斥，可根据自己的喜好大胆选择颜色。像窗帘这种大面积色块不适合作为对比跳色来使用，如果主导色是白色，而窗帘是红色，就会很不和谐，如图 4-32 所示。

图 4-32　主导色为白色，配上明亮的红色窗帘

② 陪衬色

陪衬色是对主导色调起烘托作用的色彩，又称配置色。在一个空间中的视觉中心颜色可以丰富一些，窗帘布艺可以发挥很好的陪衬作用，例如，墙面是乳白色，窗帘可以是淡棕色；如果墙面是乳白色，而客厅沙发是红色，那么窗帘的颜色应该选择淡雅一点的颜色衬托客厅视觉中心。

③ 点缀色

点缀色起到的就是调节的作用，称为画龙点睛之笔，窗帘布艺在这方面的应用较少，但是也有少部分装饰性窗帘。比如，单独小窗户的窗帘，面积很小，色块不会影响整体空间的主色调，那么就可以运用点缀色来调节原来统一的氛围，让淡雅中多一抹鲜艳，在庄重沉稳中多一点自然呼吸感，如图 4-33 所示。

图 4-33　蓝色印花床头帘在空间中具有点缀作用

3. 布艺窗帘与空间的关系

窗帘和空间的关系与家具和空间的关系不同，窗帘作为保护隐私的一道屏障，可阻隔视觉空间，但在室内，布帘除了用作传统的窗帘外还可用来区分空间，例如，卫生间的浴帘，厨房的门帘，走廊的过道帘和床周围的床帘等，这些都可以算是和窗帘同类型的室内布艺。它们可在区分空间的同时起到装饰和烘托氛围的作用，还可以给人一种若隐若现的美感。

布艺窗帘在与空间的关系上的某些方面的作用和布艺家具产品相同，例如，划分居住空间、强化空间风格、改善空间形态和烘托空间气氛。不同之处在于，窗帘布艺比布艺家具更能够营造出空间的情趣，让平淡的空间有突破口，营造出有空间的趣味感。

第三节　床上用布艺产品

一、床上用布艺产品用料的分类

生活中床上用布艺产品包括：床单、被套、被芯、枕头、地毯、抱枕和布艺床头床架等。在布艺的材料方面，主要可分为六种不同的材质。

1. 纯棉面料

在床上用品的种类中，人们通常更倾向于棉质材料的布艺，在适合接触皮肤的纯棉面料中又可以分为平纹纯棉面料和斜纹纯棉面料。这两种面料的区别在于交织的角度不同，外观效果略有差异。总之，纯棉的布料透气性和舒适性都比较好，也比较耐用。

2. 贡缎面料

如果很详细地划分种类的话，贡缎面料算是棉料的一种，但是与普通棉料还是有一定的区别，该面料的特点是厚实、表面光滑，手感细腻柔软，色泽靓丽、不易变形，是比普通棉料要高级的一种面料，成本也更高。

3. 磨毛面料

在磨毛面料中比较常见的是磨毛印花面料，在床上用布艺的面料中，磨毛面料属于蓬松厚实的类型，保暖性很好。

4. 涤棉面料

涤棉面料是化学纤维和天然纤维混纺而成，所以既耐用又舒适，该面料的特点是成本低、色泽鲜艳、不易变形，但是缺少亲和力，容易引起静电。

5. 竹纤维面料

竹纤维面料是当今纺织布艺中科技含量最高的一类面料。它的原材料是天然的毛竹，通过蒸煮和水解提炼而成。竹纤维面料很亲肤，很透气，接触皮肤比较凉爽舒适，有促进血液循环和新陈代谢的作用。

6. 麻类面料

麻类面料在近几年颇受人们的欢迎，其具有天然的纤维特性，是别的面料所不能及的。麻料在化学特性上很突出，能够抑制微生物和真菌的生长。有科学实验证明，麻料相比于其他面料更能够，缓解肌肉紧张，改善睡眠质量。

二、布艺床上用品设计研究

1. 床上用布艺在室内软装中的重要性

床上用布艺在室内软装中的角色与家具布艺类似，床也是属于家具的一种，不过床一般是放在空间较小的房间，不像沙发、座椅一样放在开阔的客厅。它主要用于营造适合休息和睡眠环境的氛围，舒适性排在第一位，其次才是考虑颜色的搭配，空间的划分。

2. 床上用布艺产品和色彩的关系

现在床有很多五花八门的设计，材料工艺大致分为铁艺、木艺、布艺，而布艺还是专注于轮廓线条的柔和和使用的舒适性。当然，室内房间颜色的搭配和空间的关系也尤为重要。

在室内，床的颜色搭配要与房间整体色调和谐、统一，同时也要遵循主导色、陪衬色和点缀色的规律。

① 卧室与整体室内设计的色彩关系

卧室是一个更加私密的空间，在一个家庭中，大致的色调可以统一，但是卧室可以根据自己的个性和喜好设置，卧室与整体的色彩关系可以分为两种：与室内大色调完全统一；与室内色调统一的同时更加个性化。卧室示例如图 **4-34** 所示。

图 4-34　色调统一又不乏味的睡眠空间

② 床上用布艺和卧室的色彩关系

卧室的视觉中心是床，视觉中心的色彩是整个空间颜色中的亮点，所以床的色彩选择尤其重要。除了颜色搭配，床作为休息睡眠的工具，我们首先应该考虑到颜色对于睡眠和健康的影响。

床单的颜色其实比我们想象中的要考究得多。例如，橘黄色的床上用品有利于诱发老年人的食欲，能给人带来愉悦的心情；嫩绿色适合脾气急躁的人，有助于舒缓情绪，使神经松弛；淡蓝色适合用脑过度的上班族，可以缓解紧张的情绪；紫色可以安神，但是心脏病患者慎用；粉色能安抚人的情绪，使发怒的人快速冷静；睡眠不好的人可以使用深色的床上布艺。

从这么多例子中，我们可以发现，在选择床上布艺颜色时，不仅要考虑色调的统一和谐，色彩的搭配与否，更重要的是考虑到健康和安抚情绪的问题。在选用材料上也是一样，首要的问题是舒适性，其次是情绪影响，最后才是色彩搭配。床上布艺搭配示例如图 **4-35** 所示。

在考虑到色彩对健康和情绪的影响问题后，床上布艺的风格还要根据家居整体风格来定义。例如，家居的整体风格是个性风格，那么床上布艺的颜色和纹样可以偏明亮和偏个性化；家居整体风格是田园风格，那么床上用品布艺可以运用小碎花的元素。

3. 床上用布艺产品和空间的关系

床上布艺和空间的关系主要体现在床和卧室的空间关系，以及床上布艺图案和空间的关系这两方面。

① 床和卧室的空间关系

这种关系主要是看卧室空间的大小，如果卧室的空间很大，那么床的框架大小种类和床上用品的种类以及床体的软装的尺寸样式就无须过多考虑了。在布艺的选择上，颜色和质感都有更多的可能性。如果卧室是小空间，则床上布艺的挑选上样式应尽可能不要那么花哨，以简单统一为主，床

图 4-35 床上布艺搭配

头以及床身的软装应以简约素雅的风格为主,这样可以在视觉上让空间显得更空旷。如果布艺色彩和样式太过于花哨则可能让卧室显得很满,从而在视觉上感觉空间更加狭小。

② 床上布艺图案和空间的关系

对于图案的选择,也要考虑到空间的大小。在空间大的环境中,只要是风格和基调色调和谐统一,那么纯色、小花纹、大图案或者是大纹样都是可用的。但是在狭小空间中纹样的选择就是有限的,狭小空间不是只能使用布艺本身的肌理作为装饰,只是纹样图案不能太过花哨。图案的大小要适当,色泽不要过于丰富亮丽,否则会使空间显得更加窄小。而且,过于花哨的图案会使整个卧室的氛围太过跳跃,不利于烘托休息空间的情绪。

床上布艺在空间中的应用重点不在于强化空间风格,也不在于划分居住空间,而在于烘托平静舒适的空间气氛,有助于安抚人们的情绪,更好地促进睡眠,保证心情的愉悦。

第五章

民间布艺再设计

美国未来学家约翰·奈斯比特认为：生活方式的全球同一化趋势与传统文化的民族化趋势几乎是同时发生的。在信息爆炸的社会，世界变得越来越趋于一致，地域性的艺术、造物符号、风土人情等文化资源反倒凸显了它作为文化差异的重要性。越是民族的，就越是世界的。文化资源的地域性作为个性化和特色的所在，令人心生向往，抢占全球文化市场的重要策略是如何合理地应用地域文化的差异性。

传统工艺的创新再设计，是基于消费者的心理层面对传统手艺的感知，以及满足什么观念和产品造型在当下流行趋势方向的需要等。在再设计的过程当中，我们不仅要综合考虑传统手工艺的艺术性传承，同时也要顾及情感特征以及实用性等其他方面。这样一来，方能既满足消费者对传统文化的心理需求，又满足消费者的情感需求和情趣追求。在 21 世纪的今天，我们更要重视传统手工艺中的艺术与当代的审美形式的融会贯通，主要实行的方法就是通过再设计的造型以及材料、功能等来表达。

第一节　我国文创产品设计领域的现状与展望

从设计角度出发，我们会发现，历史文化资源作为一种"促进文化多样性和人类创造力"的文化形态，可以满足后工业时代人们对于"非物质文化"的多元化精神需求。文化要素是设计创意的源泉，游走于不同文化形态之间的设计将会成为后工业时代设计产业制胜的关键。

历史悠久的中华大地随处可见美的具体体现，如何传承和体现中国地域化设计的美成为了当代中国设计的热点。强调地域文化并不是滥用造型，简单地搬运中国元素符号，而是要将简单的造型元素深化到精神层面，从地域文化的深厚养分中提炼出有设计价值的东西。

本书主要研究观点如下。

（1）地域文化资源包括有形的物质资源和无形的精神资源。通过科学分类，多层级地发掘地域文化资源，可对地域性文化进行设计价值转化。

（2）通过本地域文化对象与产品设计元素之间的多层级映射关系，以文创产品为载体能够很好地体现出地域文化的特点。

（3）本土文化元素转换到创意设计产业的开发程序，一般需要经历 3 个阶段：发掘（原始的地域文化形态）——转化（地域文化因素物化为文创产品要素）——最终实施（创意产品）。

第二节　多层级发掘地域文化资源的理论内涵

一、地域文化层级论

地域文化是蕴含在物质之中、又游离于物质之外，能够被传承的特定地域内的历史、地理、风土人情、传统习俗、生活方式、行为规范、文学艺术、价值观念等。基于语言学、社会学和人类学的研究，这里可把地域文化利用层级论加以分类。

（1）表层文化，又可以称为物质文化，是人类对物质的利用的形态，通常体现在人的衣食住行领域。

（2）中层文化，又可以称为行为文化层。它以地域特有的传统习俗、生活方式的形态出现，体现于日常起居动作之中，具有明显的地域特色、民族特色。

（3）深层文化，又可以称为哲学文化，是渗透在前两层文化中的观念、意识和哲学，是由人们在社会实践中长期蕴化培育出来的审美追求、价值观念、宗教信仰等构成的。这是地域文化的核心价值。

二、地域文化层级结构与产品设计元素之间的映射关系

认知心理学家唐纳德·诺曼教授将设计情感、行为与认知划分为 3 个层次：本能层（Visceral Layer）、行为层（Behavior Layer）、反思层（Reflective Layer）。那么我们可以通过这个层次体系发现文化层次结构与产品设计元素之间的映射关系。

例如，地域文化元素转换到文创产品设计应用可以映射为三个层面：有形的、物质的本能层的映射——关注产品的外观带给人的感官体验；行为层的映射——关注的是人使用产品的行为方式；反思层的映射——关注的是人在使用产品过程中的感受、情绪和认知过程。

地域文化对象与产品设计元素相互融合，从而映射出图 5-1 所示的 3 组关系。

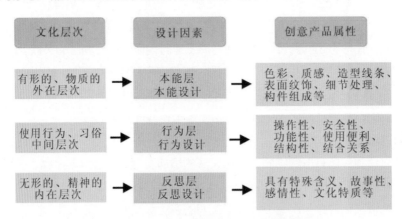

图 5-1　地域文化对象与产品设计元素的层级映射

从图 5-1 中可以看出，地域文化和设计因素可以产生 3 组对应的层级映射关系：本能的、行为的和反思的，这给我们如何在地域文化资源中有效地开发、设计要素提供了理论指导。在文化创意产品开发的设计过程中，可以通过对文化对象和设计层级的相互映射关系对地域文化资源进行开发和转化。

第三节　布艺再设计之道

"再设计——二十一世纪的日常用品"是日本设计师原研哉 2003 年做的一个展览项目，由 32 位日本的顶尖创作者重新设计出某些很普通的商品，包括卫生纸和火柴。"再设计"是指对平常物品的设计进化优化，也可以称之为一种实验，这种实验可把人们熟悉的东西还原到最本质的物象，然后人们就可以利用相关的设计方法与设计工具进行分析研究。

再设计是一种方法论，可帮助我们修正和更新对熟悉的设计对象实质的感觉。这种实质隐藏在我们对于设计对象的经验认知之中，因为过于熟悉而使我们被自己的认知经验所蒙蔽，不再能看见它，我们要做的是打破这种经验的桎梏。"再设计"是利用崭新的设计理念对设计对象进行"再审视"的最自然、最适当的方法，"因为设计面对的就是我们普遍的、共享的价值"。

一、主题创新

现在越来越多的专业设计师，正在不断地寻找传统的民间工艺与现代设计相互融会贯通的创新再设计思维新路线。对于时下流行的艺术形态和生活方式，他们有着极强的洞察能力，凸显出新一代的设计师独特的审美特征，富有极强的市场经营理念和对品牌观念的追求。

例如，众所周知的国际品牌"爱马仕"在我国创立"上下"奢侈品牌，这种创新设计涵盖了传统与现代、东方与西方、人与自然理念中的"上下"。"上下"除了具备"爱马仕"品牌极致追求的精神外，同时也相信"时间"与"情感"之于物的意义，且注重传承中国的传统文化。其理念是以"家"为原点和核心，还据此设计了一系列兼具传统精神与现代风范的设计作品，并运用到随处可见的居家用品中。"上下"推出的都是极为精致的手工艺品，可以彰显我国古老文明高级的生活方式形态。"上下"为了更好地弘扬五千年来的文化，提出了传递文化和工艺美感的口号。它的追求就是在我国传统文化的基础上，设计出极具东方审美的高端消费品。"上下"品牌的设计本质上就是对已有设计的再创新设计，既传达了对传统文化的尊重，又兼顾了国际高端时尚潮流，提高传统再设计产品的市场价值。

与"再设计"应运而生的现代手工艺设计产品，把传统手工艺人的原创价值与现代设计师的高端潮流感结合在一起，从而不断地制造出创新产品。工艺的风格体现出个性的不同特征，富有人文情怀，具有十分积极的意义。再设计产品集艺术、个性、时尚于一体，是时下非常流行的设计形式。

国际上大多数奢侈品基本上都是手工制作的，好比上文提到的"爱马仕"。又如，"香奈儿"一直坚持手工制作，就拿它家一颗小小的纽扣来说，从制作模型到打磨完成，每一步都需要工匠们运用高超的技术才能最终打造出一颗如艺术品一般的纽扣。在我们的认知里，手工制造出的皮具、首饰、珠宝这些都充分体现出传统工艺的精湛技艺，手工技艺随着时代的发展，不断传承下来，这种文化是机器难以替代和改变的。而针对商品的款式设计来说，是在坚持品牌风格的前提下结合时尚元素紧扣主题的再设计，这样一来也使得品牌更加凸显出时代所给予的特征。

二、民间布艺元素分析的形态创新

文化的内涵和理解是多维度的、广泛的、复杂的。克罗伯（Kroeber）和克鲁康（Kluckhohn）对超过160多种文化的含义进行了整合分类。文化的层次，包含有形的、物质的外在层次，也有使用行为、习俗的中间层次，还有无形的、精神的内在层次。

1. 文化资源的外在层次——本能设计

本能设计关注地域文化对象的色彩、质感、造型线条等外观因素，旨在将其有形的、物质的外在表现转化为新的产品元素。文化的传达需要借助文化符号的承载，外在层次的文化资源（材料、传统纹样、色彩、造型、细节处理等）需要经过一个提炼转化的过程才能被本土创意设计所用。

在这个层次当中，包括色彩块面、纹理路线、造型空间、表面装潢、细节处理等。能被人们直接观察到的产品组成要素，都可以看作一个产品在外在直观能捕捉到的呈现状态。设计者从所看、所闻、所听、所触等与产品的感官交互对外在层次的文化资源进行细致的分析，创造产品的感性特征，使其容易被感知，创造良好的文化共鸣效应。

2. 文化资源的中间层次——行为设计

行为设计关注人们的生活方式和产品的使用方式，注重产品的功能、绩效和可用性，行为设计因素是产品有用性的关键。行为设计映射中间层次的文化资源，对应的是传统器物的功能、结构、结合关系，人与产品的关系（如产品的操作性、使用方式），传统的人力生产方式（手工艺、纺织与编织、木雕、建筑术、民间美术、民间工匠）等。

例如，基于设计方法论的视角，"传统工艺 + 设计""传统使用方式 + 设计""传统结构 + 设计"的创新模式使楚地"天人合一"的世界观以及"技进乎道"的工匠精神在现代生活方式中获得新的生命力，重新确立技艺传承及文化内涵的当代定位，并且藉由重新体验这些传统的人与产品的关系引发我们回归人与自然、人与社会和谐的交互行为以及生活方式。

在这个层次当中，包括了实用性、安全性、工艺性、功能性等造型部件组合因素。在产品设计的过程当中，设计师可以根据当地的文化风俗或者传统工艺，创作出具有文化韵味的产品。

3. 文化资源的内在层次——反思设计

反思设计关注用户在使用文创产品过程中的情感体验和文化认知。反思设计映射的是内在层次的文化资源，与地域文化的情感内涵（故事性、情感、特殊含义）有关。在这个层次当中，主要通过故事情境法、比喻的手法传递文化内涵。

文化记忆反映了我们的生活经历，也增强了自我认知的能力。使用者经产品这一中介进入酸枝木、管帽椅、丝绸上的刺绣等这些物化的符号所营造的氛围，并以此获得情感的共鸣。

在这个层次当中，包含了产品的文化内涵、故事性特征、产品的情感特征等属性。设计师可以将这些文化底蕴、神话传说、意识形态加入设计创新过程引起消费者的情感共鸣，同时也可以增加产品与消费者之间的互动。

三、传统手工艺元素的解构与重建

进入 21 世纪，尤其是 2008 年北京奥运会之后，全国掀起一股中国风的风潮，中国风的元素在各个设计领域无处不在。而且，中国风不单单体现在设计方面，而且还渗透到电影、音乐、文学、广告等各个领域，形成一股社会思潮。那么，究竟什么才是中国风？难道所谓的中国风，就是把一些中国元素变成图案纹路吗？所以，很多设计师都以此为出发点开始寻找设计作品的源头，以及传统文化的根源。

研究与解构传统手工艺是再设计的第一步。1967 年，哲学家德里达基于对语言学中的结构主义的批判，提出了"解构主义"的理论。他的核心理论是对结构本身的反感，他认为符号本身已能够反映真实，对单独个体的研究比对整体结构的研究更重要。解构主义用分解的观念，强调打碎、叠加、重组，重视个体和部件本身。

将解构的概念运用在设计领域，就是把完整统一的传统文化对象分解成若干部分，设计借鉴的对象不再是整个对象，而是其中的某一项工艺程序或者物化局部。"传统手工布艺再设计"对传统的解构与再设计，就是一个打破、打散与重组的过程，挖掘与研究传统布艺的材料、工艺和形态，在深入认识与研究的基础上打散与肢解传统工艺与相关材料，选取某些部分有机地、自然地与现代设计的视觉表现与功能表达相融合。

品物流形产品设计公司的创始人张雷设计师，自 2012 年起便开始策划"融"这一新的当代设计理念。"融"是一种设计方法，即将烦琐的工艺步骤，拆开成一个一个单独的工艺，并将每个材料在工艺制作过程中呈现出来的不同形态看作一种全新的材料来使用，再将这些新材料结构的工艺与材料重新进行重组，融合到全新的设计作品当中。

综上所述，民间传统手工艺，不单单只是单纯的技艺、纹络图案或物质实体，更是一种破碎重塑的智慧，在被设计师"消化"后，融入现代流行的设计当中，使之更加贴近、适合现代人的生活。这是一种全新的呈现形式，传统手工艺的沿用只是一种对文化的延续，而新的形式出现则可为未来手工艺的发展打下基础。

四、功能的蜕变与衍生

对传统手工艺品来说，不管是物体器皿本身的创造性还是附带的精致配饰，其主要的功能还是实用性。而在信息时代的今天，许多手工艺活动的主要目的，已不单单是为了满足功能性和实用性的需求，更多的是从精神层面上，在这种手工艺活动中寻找自己的生命属性，满足手工劳作的体验性，表现自己的创造力。正因为这种功能属性的变化，人们在设计、制作这类手工艺品时，没有了传统商品规范的制约，可以尽情地表达自己对生活的感受和体验，更好地表现出自己对审美性、艺术性、文化性的认识。

传统手工艺作为人类"造物＋造美"的创造活动，在工业革命以前为人们提供了大部分生活所需，从其功能价值体系来说，更多表现的是本体性的实用价值。比如在农业经济中，妇女们进行的织布、编织、刺绣、印染等手工艺活动，其目的除了满足日常生活之必需外，还能用于交换。但在商品经济高度发展的现代社会，手工艺品种在人们生活中存在的功能形态、功能指向则发生了多方面的变化。

原生态的手工布艺产品运用到现代设计语境下的产品设计中，必然面临着"形式与实用性的分离"。传统的手工布艺产品有着自己的用途，比如服饰、枕头、肚兜等，但是在现代室内软装设计中需要的布艺产品是门帘、桌布、坐垫等，这种"跨界"的应用自然而然地使布艺产品产生了形式与实用性上的分离。

如果将刺绣的元素应用到三维空间当中的室内、景观、设施中，则会使传统的功能向更深的层次拓展。在这种碰撞的思维下，将会产生更具创意的空间组合形式，从而启发人们产生更具力量的设计，传统刺绣的功能也产生了质变。

民间蜡染艺术，特别是我国西南地区的蜡染，其本身的物用形态主要是作为日用家居用品以及服饰品，而现代的再设计在很大程度上保留了蜡染艺术的传统造物形态，它们的功能则多转变为挂饰和旅游纪念品等。而其他的民间手工制作物，如木雕窗格、石雕拴马桩等都从非常实用的产品纷纷被移植到显示古老文明和民俗的装饰之中。

由于布艺产品的功能逐步开始发生变化，因此传统款式也会产生相应的变化，设计师在对款式定义设计的同时，必须对原有的装饰方式、色彩关系等进行重构。西江苗寨地区的蜡染、布贴等手工布艺有着美的形式，也有着丰富的内涵，在现代设计语境下的"再生"，应该拥有更让人惊艳的风貌。其文化传承在其他非布艺类产品中的移植，也是很有效的设计手段，比如室内的墙纸等设计，如果有意识地"跨界"移植原生态布艺中的形式或内涵，在整体设计中相互呼应和佐证，使原生态布艺产品与现代室内设计手法相结合，成为更有效的再生方式。

五、跨界思维下传统布艺与科技的结合

刺绣是传统手工艺文化的一朵奇葩，具有很强的装饰性。伴随着数码印刷技术的出现，很多国内外设计师开始尝试将传统刺绣的图案应用到新型的尼龙纤维非纺织布上，介入现代技术和工艺，往往能缩短时间、降低成本，以适应更加有创意的设计，这种新型织物材料能够浸水即溶，刺绣纺织线采用一种细微结构的聚氨酯，具有印染性。采用新型织物材料后，设计师们可以将目标产品的体量数据输入计算机，使机器可以在尼龙纤维非织造布上用聚氨酯的"绣线"绣成图像的平面织物。相比传统面料来说，它不但具有产品染色、印花效果良好等优点，还具有工艺周期短、用工少、耗能少等特点，可大大降低生产成本。而且根据产品用途，面料分别被赋予了阻燃、防吸湿、排汗等特殊功能。现在，随着科学技术越来越发达，这一技术的革新，使传统的刺绣技术工艺与现代产品设计的工业技术相结合，为制作造型特别、形式独特的刺绣产品提供技术支撑，同时也可以实现刺绣工艺的大批量生产。

综上所述，利用创新工艺和材料，结合刺绣图案元素融入现代设计和生产中，不仅可以突破传统的束缚打破局限，还能更好地实现现代化工业生产。

第四节　布艺手工针法图解

在当今工业生产高度发达的年代，人们逐渐厌倦了由工厂流水线生产出的毫无差别和特色的产品，手工制品又重新受到人们的青睐。手工针法就以它的不可复制性、偶然性、独创性逐渐焕发了新的活力和生机。手工针法是制作布艺产品的基础，现代化的缝纫机械虽然发达，但在布艺作品的创作过程中，离不开对手工针法的应用。比如，上下两层面料机械缝合之前的暂时固定、锁边、订附加的小配件和装饰，特别是产品表面的各种手工刺绣纹样，以及根据设计需要进行的手工线迹效果的表达，都离不开手工针法的应用。

一、绗针绣（Running Stitch）

绗针（见图5-2）是中国传统手针工艺的基本针法之一，有长、短绗针之分。绗针绣又称平针绣或拱针绣，是最基础的一种刺绣和手缝针法。绗针非常简单，就是以均匀的针距从右到左进行反复的入针、出针，然后一起将针线抽出。

绗针的要求：主要用于拼合布片，要求起针、入针距离相等，缝迹与设计要求的线条一致，线迹匀直。抽线时不要拉得太紧，以免面料表面起皱。

长绗针用于两块或以上布料的临时固定等，起针时线不打结，由右至左，以3厘米左右长（根

图 5-2 绗针

据需要) 的针距运针。长绗针亦有众多变化，如正面长，反面短；正反面短，中间长，如图 5-3 所示。
短绗针是固定布料等用的基本针法。针法亦由右至左，以 1 厘米 2 ~ 4 针 (通常为 2.5 针) 的针距运针。
长短绗针此针法综合了长绗针与短绗针的特点，以一长一短的针迹运针。多用于临时缝合布料等。

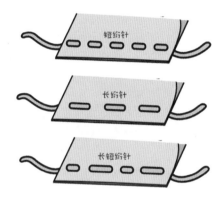

图 5-3 长绗针、短绗针和长短绗针

二、回针绣（Back Stitch）

回针绣 (见图 5-4)，也称倒针绣，刺绣方向是从右往左。从布下往上 1 处出针，然后往右倒退 (约
0.3 厘米，距离可调) 一针至 2 处入针；再向前运一针 (约 0.6 厘米)，从 3 处出针；一般倒退的距离
是前进的一半，3 处再回到 1 的附近在 4 处入针；依此循环。

回针的要求：平稳，缝迹与设计的线迹一致，等距缝合，一针挨一针，针针相接。

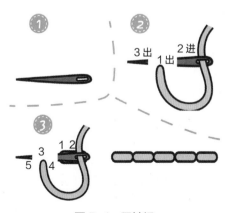

图 5-4 回针绣

三、波浪绣（Whipped Running Stitch）

完成或回针绣后，用一根绣线在线迹间上下穿绕形成波浪形状即为波浪绣，如图 5-5 所示，注意绣线要略微放松。此款针法主要起到装饰效果。

图 5-5　波浪绣

四、绕线绣（Threaded Running Stitch）

完成或回针绣后，用一根绣线在线迹间上进下出进行穿绕，即为绕线绣，如图 5-6 所示，一般用不同颜色的线，来突出线迹的装饰美感。

图 5-6　绕线绣

五、茎绣（Stem stitch）和轮廓绣（Outline stitch）

茎绣和轮廓绣是两种极为相似的针法，它们常被用于一些绣图的茎干、轮廓线。

起针：茎绣和轮廓绣的工作路径都是从左到右的倒退式，所以应该从画好的线段最左边开始绣，如图 5-7 所示，从背面将针穿到正面后从 1 出，从右边距离一个针距 2 入针穿到 3 位置出针。针距长度自行控制，一般为 0.4 ~ 0.7 厘米。一般 3 点都是在 1 和 2 的中点，1 和 2 之间的针迹尽量小些，这样绣出来的图案更加好看。

之后的每一针都是在距离最右边一针一个针距入针，然后向左倒退一个针距出针。绣的时候在图案转角处或弯曲点针脚要密实一点。

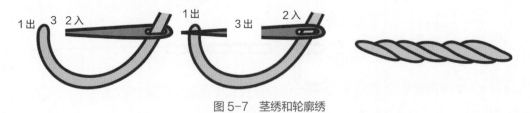

图 5-7　茎绣和轮廓绣

六、鱼骨绣（Fishbone Stitch）

鱼骨绣（见图 5-8）也称俄罗斯十字绣，用来绣边缘或者填补区块。绣时从左至右。

图 5-8　鱼骨绣

七、羽毛绣（Feather Stitch）

羽毛绣（见图 5-9）在民间亦称杨树花，主要用于女装大衣夹里的下摆贴边处，不仅可固定贴边，亦可起到一定的装饰作用。从反面起针，正面在线上横挑出针，并向左抽紧，先以 45° 向下重复二至三针，再向上 45° 重复，正面针迹以锯齿形由右至左运针，至所需长度后，于反面止针。

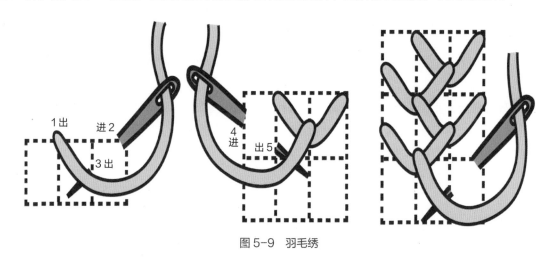

图 5-9　羽毛绣

八、卷针绣（Bullion knot Stitch）

卷针绣也称绕针绣或缠针绣（见图 5-10），这种针法常被用来绣玫瑰等花朵，很有立体感。卷针绣的绣线要粗一些。主要操作方法如下。

（1）首先绣玫瑰的花芯。在需要绣玫瑰的中心位置出针 1，然后在距离出针处 0.2 ~ 0.3 厘米（依据你预想的花心的长度来选择）处入针 2，再从原来的入针处出针 3，接近 1。

（2）将针抽出三分之二长度左右，用出针处一端的线在针杆上绕 5 ~ 6 圈，绕圈时线要略微放松，太紧的话则很难将针抽出。绕完之后用左手的大拇指摁住线圈防止散开，右手缓缓将针抽出。

（3）针抽出后，左手依然要用两个手指头捏住线圈，继续抽线（穿在针上的那端）直至将线圈末端的线段收紧，使线圈另一端与入针处紧紧贴合。一个蜷曲的花芯就完成了。

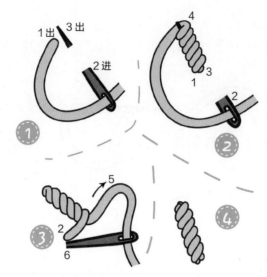

图 5-10　卷针绣

九、卷针玫瑰绣（Bullion Rose Stitch）

在卷针绣的基本针法上，进行重复，可以形成丰富的玫瑰花瓣即为卷针玫瑰绣，如图 **5-11** 所示。可以先用水洗笔画出花瓣的位置，再进行如下操作。

（1）首先绣第一片花瓣，从花芯入针处再次入针，然后从第一片花瓣的左端出针。

（2）再从花瓣的右端入针，穿回到左端出针。

（3）在针杆上绕 **8 ~ 9** 针。可用目测的方法计算所需的圈数，因为花瓣要求层层展开，所以绕在针杆上的线圈长度应该比花心部位花瓣略长些；这样才有渐渐展开的效果。

（4）用绣花芯相同的方法进行抽线。

图 5-11　卷针玫瑰绣

十、法国结粒绣（French Knot Stitch）

法国结粒绣（见图 **5-12**）常用作花心的装饰或者是填补面积。操作方法如下。

（1）从底往上出针 **1**。

（2）右手执针，左手拉紧线，用针绕圈，针尖对着自己。

（3）左手拉线，使线圈拉至接近布面，针尖对着接近出针 **1** 的 **2** 处刺入，同时左手拉紧使线圈紧贴在布面和针上面。

（4）针穿过布面后，布面上就留下了一个结。注意不同的绕圈方法（A 和 B）会形成不同的法国结粒。可以绕一圈或二圈，拉紧或者不拉紧都会有不同的效果。

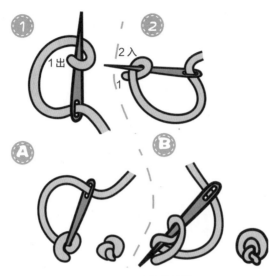

图 5-12　法国结粒绣

十一、链式绣（Chain Stitch）

链式绣（见图 5-13），有着一个连锁般的造型，看上去如同花瓣一前一后排列在一起。具体操作方法如下。

（1）针从布面下往上 1 出，再插入 2（与 1 在同一个位置），之后针从 3 处穿出（2 与 3 的距离即为单个锁链的距离），把线绕到针下，往上抽针。

（2）使用同样的方法，将针从 4 插入，从 5 穿出，把线绕到针下，往上抽针；依次循环形成锁链。

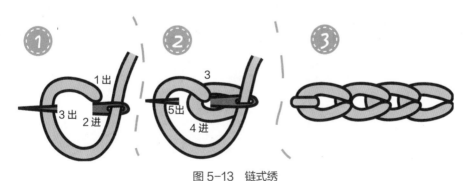

图 5-13　链式绣

十二、锁边绣（Blanket Stitch）

锁边绣（见图 5-14）是一种很实用的刺绣针法，它兼具锁边和装饰的功能。具体操作方法为：从 1 处出针，2 处入，从 3 处出针（2-3 的距离决定锁边绣的宽度）；同样的方法插入 4-5。依次循环，形成锁边。

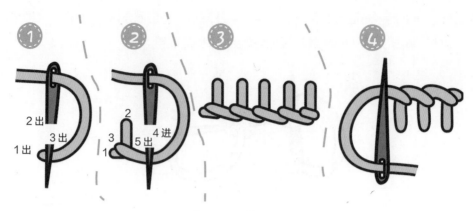

图 5-14 锁边绣

下面介绍几种常用的锁边绣的手工刺绣方法。

（1）贴布锁边绣（见图 5-15）要沿着贴布的轮廓进行刺绣，在刺绣时第 1 针和第 3 针是绣在底布上（紧挨着贴布的边缘）的，而第 2 针要把贴布和底部一起缝进去。

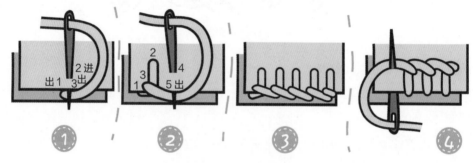

图 5-15　贴布锁边绣

（2）边缘锁边绣：在日常生活用品中我们经常见到边缘锁边绣，比如一些毯子和毛巾的边缘都会使用边缘锁边绣来装饰。具体操作如图 5-16 所示：1 处出针，把针线绕到布下于 2 处出针，2 处平行于 1，宽度自定；针尖压在线上挑出，于 3 处再次入针，注意 1-2 和 2-3 距离相等。依次重复，形成锁边。

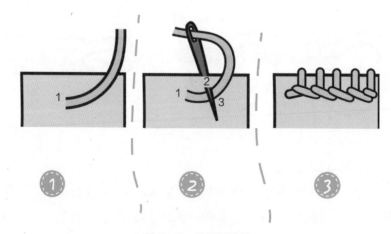

图 5-16　边缘锁边绣

十三、缎面绣（Satin Stitch）

缎面绣（见图 5-17）貌似简单，但要保持针脚整齐也不容易。常用在几何图案上，可以事先画好图案轮廓，再利用丝线填满轮廓，完成后富有立体感，达到装饰效果。还可以利用不同颜色的丝线制造渐变效果。每一针的长短可以不同，但是长度过长时，绣线就会松弛而容易被钩住。

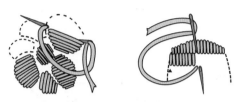

图 5-17　缎面绣

十四、抢针缎面绣

抢针缎面绣用来表现柔和的色晕效果，第一排的绣法与缎面绣相同，其余各排将每一针的起针藏在上一排的两针之间。色晕效果是通过每一排颜色的不同选择而产生的。

十五、暗针缝（对针）（Blind Stitch）

暗针缝（见图 5-18）是很实用的一种针法，可以把两个边拉在一起用垂直而细密的针脚缝接。缝纫时每一针都经过两道边形成的缝口能够隐匿线迹，常用于不易在反面缝合的区域与返口处最后的完成缝合，是布艺 DIY 过程中不可缺少的一种针法。通常我们所指的暗针缝也就是指对针缝、藏针缝。操作方法如下。

（1）在 A 布内面入针从 A 布表面 1 处出针，注意针应该落在离布的折痕或者边缘 0.1 ~ 0.2 厘米的位置。

（2）然后正对 B 布表面 2 入针，注意入针后针尖藏在布内面横转（这也是为什么叫暗针缝），见虚线示意，针尖挑至左边 0.3 ~ 0.7 厘米距离 3 出针。

（3）然后正对 A 布表面 4 入针。1 出 2 入 3 出 4 入依次循环。注意入针处要对齐 A 块布的出针处，反之亦然；线脚全部隐藏于布的内面。每一入针出针贴近布的折叠边沿，甚至内进一线的距离。如此轮流缝至完成，缝好后两块布间拉紧线即可藏住线痕。对针常用于一些返口处最后的完成缝合。

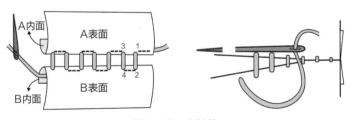

图 5-18　暗针缝

十六、两片卷边缝（Hemming Stitch）

与暗针缝一样，两片卷（见图 5-19）边缝用于不易在反面缝合的区域与返口处最后的完成缝合。具体方法如下。

（1）从 B 布内面入针，1 处表面出针，注意针应该落在离布的折痕 0.1 ~ 0.2 厘米的位置。

（2）斜向至 A 布表面 2 出入针；针穿过 A 布，从内面出，斜向返至 B 布内面，由 B 布内面至上从 3 处出针。斜向拉至 A 表面的 4 处入针向下。

（3）依次循环，每一入针出针贴近布的折叠边沿，甚至内进一线的距离，每一针都拉紧线。这样一来，在缝好后两块布间拉紧线即可藏住线痕。两片卷边缝可以产生无缝对接的效果。

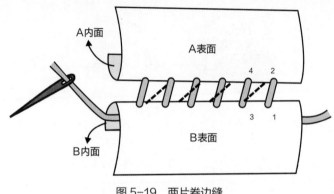

图 5-19　两片卷边缝

第六章
布艺再设计作品制作实例

我国民间文化资源大部分存在于大片民居和世俗生活中。随着社会的发展，在乡村城市化和城市趋同化的过程中，一些传统民间文化项目逐渐失传或遭到破坏，民间布艺文化由于各种历史及现代发展的原因，正处于衰落消亡的危急时刻。要保护这样的传统民间文化，不能仅仅只依靠孤立的保护发展，也不能眼看着任其消亡，而是要形成一个与之相匹配的产业链。创意设计与传统手工技艺的互相容纳与补充是促进布艺发展的有利因素之一，将传统手工布艺与产品设计思维密切联合起来，能够达到双赢的效果。

从产品设计的角度来看，在经济全球化的影响下，各国的产品设计呈现一致性的国际风格，缺乏各自的特色，无法显示出区域性的文化特质。由于近年来在消费者导向的设计趋势下，人们开始喜欢个性化、差异化的产品，甚至寻求具有文化认同、表现文化特色的产品。世界各国亦发展出强调自己文化特色的设计风格，其所呈现的设计差异，正是全球化下产品设计"同中求异"的趋势。

"再设计"是对现成民间手工艺产品的再创造，赋予其新的内涵和生命。再设计是基于事物本身的改进，在追求设计本质的过程中，延续和发展设计风格。基于再设计的理念，民间布艺元素，在工业产品设计中得到了传承、创新和发展。可以从纹样、色彩、材料及针法等多个元素入手，寻求民间布艺传承与创新发展的更多途径。

第一节　蓝色印花茶壶包

本节将讲解蓝色印花茶壶包（见图 6-1）的制作方法。

图 6-1　蓝色印花茶壶包

一、准备材料

面布：蓝色印花棉麻布。

里布：质白色棉。

辅料：180 克单胶铺棉，蜡绳。

二、设计创意

应用棉麻材质的张力进行一体化造型，通过蜡绳控制收缩度，宛如莲花初绽，温润、典雅，彰显中国茶文化的独特魅力。首先测量茶壶的壶嘴到把手处的距离，在本例中距离为 15cm。然后准备材料——面布、里布、单胶铺棉各一块，并裁成边长为 15cm 的正方形。最后将单胶铺棉的有胶颗粒面和面布的背面对齐贴合，并使用熨斗加温使胶粒融化，面布和单胶铺棉黏合在一起。至此，准备工作完成。

三、制作过程图解

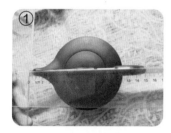
图 6-2　步骤①

图 6-3　步骤②

图 6-4　步骤③

① 首先测量茶壶的壶嘴到把手处的距离，本例中距离为 15cm，如图 6-2 所示。

② 准备面布、里布、单胶铺棉各一块，裁成边长为 15cm 的正方形，如图 6-3 所示。

③ 将单胶铺棉的有胶颗粒面和面布的背面贴合在一起，使用熨斗加温使胶粒融化，面布和单胶铺棉黏合在一起，如图 6-4 所示。

图 6-5　步骤④

图 6-6　步骤⑤

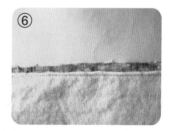
图 6-7　步骤⑥

④ 将面布的正面与里布的正面相对，用缝纫机把面布与里布车缝在一起，缝份为 0.8cm 左右，留出返口，如图 6-5 所示。

⑤ 用剪刀把缝份内多余的铺棉剪掉，如图 6-6 所示。

⑥ 这样清剪后，从返口翻折，物品边缘不会臃肿，如图 6-7 所示。

图 6-8　步骤⑦

图 6-9　步骤⑧

图 6-10　步骤⑨

⑦ 用暗针缝（对针）针法手工缝合返口（参见布艺手工针法图解章节），如图 **6-8** 所示。

⑧ 用尺子测量里布对角线，找到里布的中点，如图 **6-9** 所示。

⑨ 将四个角依次向中心点折叠，如图 **6-10** 所示。

图 6-11　步骤⑩

图 6-12　步骤⑪

图 6-13　步骤⑫

⑩ 再将尖角向下折叠，如图 **6-11** 所示。

⑪ 用夹子固定好折叠处后，对其他三个角也进行同样的折叠操作，如图 **6-12** 所示。

⑫ 距离折边 1 ~ 1.5cm 处进行车线缝合，形成一个穿束口绳的套筒，如图 **6-13** 所示。

图 6-14　步骤⑬

图 6-15　步骤⑭

图 6-16　步骤⑮

⑬ 四个角都完成的效果，如图 **6-14** 所示。

⑭ 将 1 米的束口绳剪成等长的两段，如图 **6-15** 所示。

⑮ 用发夹套住绳穿过套筒，四个角穿一圈，如图 **6-16** 所示。

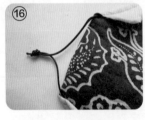
图 6-17　步骤⑯

图 6-18　步骤⑰

⑯ 穿过四个角后，将束口绳打结，如图 **6-17** 所示。

⑰ 找到打结的对应端为起点穿第二根束口绳，穿过四个角，形成可以对拉的两个绳端，如图 **6-18** 所示。

图 6-19　步骤⑱

图 6-20　步骤⑲

图 6-21　步骤⑳

⑱ 用主面布准备二块长方形布块。窄的两边进行反面车缝，如图 **6-19** 所示。

⑲ 穿过束口绳，露出束口绳的接头，如图 **6-20** 所示。

⑳ 手针卷着缝布的上下两层，注意避开束口绳，如图 **6-21** 所示。

图 6-22　步骤㉑

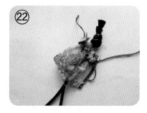

图 6-23　步骤㉒

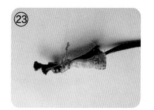

图 6-24　步骤㉓

㉑ 手针卷着缝布的上下两层。注意避开束口绳，如图 **6-22** 所示。

㉒ 两头拉紧线，如图 **6-23** 所示。

㉓ 扎紧，缠绕两圈后打结，如图 **6-24** 所示。

图 6-25　步骤㉔

图 6-26　步骤㉕

图 6-27　步骤㉖

㉔ 把布翻到正面，束口绳的结就藏在了花苞里面，如图 **6-25** 所示。

㉕ 填充适量真空棉，包裹住束口绳的绳头，如图 **6-26** 所示。

㉖ 填充好棉以后，把布的边缘往里折一下，如图 **6-27** 所示。

图 6-28　步骤㉗

图 6-29　步骤㉘

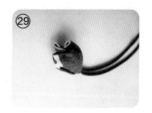

图 6-30　步骤㉙

㉗ 把花苞布边对齐，在中心点缝合，如图 **6-28** 所示。

㉘ 另外两头也向中心推，然后对齐中心缝合，如图 **6-29** 所示。

㉙ 完成好郁金香花苞，如图 **6-30** 所示。

图 6-31　步骤㉚

图 6-32　步骤㉛

㉚ 放置茶壶，如图 **6-31** 所示。

㉛ 拉紧束口绳，完成后的效果如图 **6-32** 所示。

第二节　虎头虎脑手机壳

本节将讲解虎头虎脑手机壳（见图 **6-33**）的制作方法。

图 6-33　虎头虎脑手机壳

一、准备材料

表布：红色提花织锦布，蓝、红、黄印花棉布各一块。

里布：红色棉布。

辅料：PP 棉、无纺布。

二、设计创意

这是一款基于中国民间老虎崇拜而做的设计。选择虎头这个典型的形态符号进行提炼。把虎头分解为面部、老虎眼睛、老虎眉毛、老虎鼻子、老虎嘴巴、老虎耳朵这几个部分，根据老虎五官不同的形态特点运用相应的手工针法、手工刺绣、手工艺技法进行形态塑造。色彩设计属于对比色搭配。

三、制作过程图解

图 6-34　步骤①

图 6-35　步骤②

图 6-36　步骤③

① 首先出纸样，根据设计纸样在不同布料上画线裁剪，如图 **6-34** 所示。

② 在毛毡布上裁剪出老虎的嘴巴和眉毛，无须留缝份，如图 **6-35** 所示。

③ 裁剪完毕，如图 **6-36** 所示。

图 6-37　步骤④

图 6-38　步骤⑤

图 6-39　步骤⑥

④ 首先缝制小部件，如图 **6-37** 所示。

⑤ 缝好老虎耳朵后塞棉，塞少量棉即可。折叠一下后进行缝合，老虎耳朵产生立体变化如图 **6-38** 所示。

⑥ 将老虎耳朵夹缝在手机壳主体上部，如图 **6-39** 所示。

图 6-40　步骤⑦

图 6-41　步骤⑧

图 6-42　步骤⑨

⑦ 手机壳主体是由二块面布缝合而成的，中间塞薄棉，然后用藏针法缝合，如图 **6-40** 所示。

⑧ 在老虎舌头里面塞薄棉，如图 **6-41** 所示。

⑨ 用手工缝合各个小部件，如图 **6-42** 所示。

图 6-43 步骤⑩

图 6-44 步骤⑪

图 6-45 步骤⑫

⑩ 老虎嘴部组合完成的效果如图 **6-43** 所示。

⑪ 下面制作老虎眼睛（用 YOYO 法制作）。先裁一块大于老虎眼睛直径一倍的圆形布，如图 **6-44** 所示。

⑫ 离布料边 **0.2mm** 处用平缝针法缝合，如图 **6-45** 所示。

图 6-46 步骤⑬

图 6-47 步骤⑭

图 6-48 步骤⑮

⑬ 均匀地缝一圈，如图 **6-46** 所示。

⑭ 收紧线头，然后将每个褶子顺势理直，形成一个圆球状，中间塞真空棉，如图 **6-47** 所示。

⑮ 塞好真空棉后，继续拉紧缝线，直至合拢，如图 **6-48** 所示。

图 6-49 步骤⑯

图 6-50 步骤⑰

图 6-51 步骤⑱

⑯ 合拢后用针穿缝几次，每次换一个方向，如图 **6-49** 所示。

⑰ 将眼珠部分和白色的眼底缝合，如图 **6-50** 所示。

⑱ 老虎眼睛合体后的效果，如图 **6-51** 所示。

图 6-52 步骤⑲

图 6-53 步骤⑳

图 6-54 步骤㉑

⑲ 用四道线中心交叉来塑造瞳孔效果。由白色眼底入针，如图 **6-52** 所示。

⑳ 线沿着眼睛直径跨过，如图 **6-53** 所示。

㉑ 缝第三道线时会在中心交接部位缠绕一下，如图 **6-54** 所示。

图 6-55　步骤㉒　　　　　图 6-56　步骤㉓　　　　　图 6-57　步骤㉔

㉒ 一对老虎眼睛制作完成的效果，如图 **6-55** 所示。

㉓ 把眼睛缝合在手机壳主体，如图 **6-56** 所示。

㉔ 用锁边绣针法把眼睛和主体缝合起来（1）（详见布艺手工针法图解），如图 **6-57** 所示。

图 6-58　步骤㉕　　　　　图 6-59　步骤㉖　　　　　图 6-60　步骤㉗

㉕ 用锁边绣针法把眼睛和主体缝合起来（2），如图 **6-58** 所示。

㉖ 用锁边绣针法把眼睛和主体缝合起来（3），如图 **6-59** 所示。

㉗ 完成眼睛与壳体的缝合，如图 **6-60** 所示。

图 6-61　步骤㉘　　　　　图 6-62　步骤㉙　　　　　图 6-63　步骤㉚

㉘ 用茎绣针法（详见布艺手工针法图解）把嘴巴和壳体缝合在一起，如图 **6-61** 所示。

㉙ 注意缝合时一定要挑到底层的布料，如图 **6-62** 所示。

㉚ 缝合完成的效果如图 **6-63** 所示。

图 6-64　步骤㉛　　　　　图 6-65　步骤㉜　　　　　图 6-66　步骤㉝

㉛ 缝眉毛，从壳体背后入针。此处用的针法是锁边缝的变化针法，如图 **6-64** 所示。

㉜ 在脑中设想好线迹走向，或者用消色笔预先画好线迹也可以，如图 **6-65** 所示。

㉝ 进针，挑出，如图 **6-66** 所示。

图 6-67　步骤㉞　　　　　图 6-68　步骤㉟　　　　　图 6-69　步骤㊱

㉞ 看清楚如何走线，如图 **6-67** 所示。

㉟ 拉紧，压在前面的线的上面，如图 **6-68** 所示。

㊱ 进针，出针。进针后把眉毛和壳体缝在一起，如图 **6-69** 所示。

图 6-70　步骤㊲　　　　　图 6-71　步骤㊳　　　　　图 6-72　步骤㊴

㊲ 继续绕，如图 **6-70** 所示。

㊳ 走线至眉毛花型出现，如图 **6-71** 所示。

㊴ 眉毛绣成后效果如图 **6-72** 所示。

图 6-73　步骤㊵　　　　　图 6-74　步骤㊶　　　　　图 6-75　步骤㊷

㊵ 制作鼻子，如图 **6-73** 所示。

㊶ 缝合鼻子和壳体，如图 **6-74** 所示。

㊷ 制作完成后效果如图 **6-75** 所示。

第三节　老虎镇纸

本节将讲解老虎镇纸（见图 **6-76**）的制作方法。

图 6-76　老虎镇纸

一、准备材料

表布：红色提花织锦布，五色织锦缎，红色小碎花棉布，蓝色烫金布。

辅料：PP 棉，无纺布，镇纸石一块。

二、设计创意

老虎镇纸是一款有浓郁民间风格的设计，既有装饰性，同时也兼顾了一定的实用性。其在结构上分为头、身体、尾巴三大部分，色彩设计属于同类色搭配，头、尾巴、身体三部分单独成型后进行拼合。制作过程中比较注重不同手工针法的综合应用。

三、制作过程图解

图 6-77　步骤①

图 6-78　步骤②

图 6-79　步骤③

① 依纸样裁剪好各部分面料及毛毡布，从小部件开始制作。用茎绣针法绣眉毛的花型，由下至上从 1 处出针，如图 6-77 所示。

② 针向前进，从 2 处入针，完成第一个线迹，如图 6-78 所示。

③ 针往后退半步在 1、2 之间，从 3 的位置出针。注意出针处要紧贴已经绣好的线，如图 6-79 所示。

图 6-80　步骤④

图 6-81　步骤⑤

图 6-82　步骤⑥

④ 从 3 出来后继续向前，从 4 处入针。完成第二个线迹，注意线迹的长度要均匀，如图 6-80 所示。

⑤ 针往后退半步出针，注意出针处要紧贴已经绣好的线。依次前进，完成茎绣，如图 6-81 所示。

⑥ 依据设计绣出花型，如图 6-82 所示。

图 6-83　步骤⑦

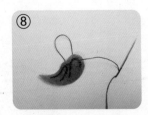
图 6-84　步骤⑧

图 6-85　步骤⑨

⑦ 把针切换到另一根须眉，如图 6-83 所示。

⑧ 从下面进针，开始制作新的须眉，完成后的效果如图 6-84 所示。

⑨ 依纸样裁剪好面料。先缝合头部，再把耳朵塞薄棉后夹缝在头部，留出返口，如图 6-85 所示。

图 6-86 步骤⑩

图 6-87 步骤⑪

图 6-88 步骤⑫

⑩ 通过返口塞棉花，注意要先填充最里面的部位。再用藏针法缝合返口，如图 **6-86** 所示。

⑪ 头部制作完成，如图 **6-87** 所示。

⑫ 眼睛由三个部分组成：眼珠、小眼底、大眼底。眼球用 YOYO 法制作（眼球的制作可参见"虎头虎脑手机壳"的制作方法），如图 **6-88** 所示。

图 6-89 步骤⑬

图 6-90 步骤⑭

图 6-91 步骤⑮

⑬ 先缝合大小眼底，如图 **6-89** 所示。

⑭ 由下至上出针，把 YOYO 眼珠和两块眼底缝合。注意要贴着眼珠底部出针，这样可以隐藏针脚，如图 **6-90** 所示。

⑮ 贴近眼珠出针后，缝线覆压在眼珠上沿着眼珠直径线跨越，再往下面眼底入针（贴近眼珠），完成时略微拉紧缝线，如图 **6-91** 所示。

图 6-92 步骤⑯

图 6-93 步骤⑰

图 6-94 步骤⑱

⑯ 完成第二条缝线，如图 **6-92** 所示。

⑰ 完成第三条缝线时，针线在中心交叉处缠绕一下以固定，如图 **6-93** 所示。

⑱ 三条缝线完成后的效果如图 **6-94** 所示。

图 6-95 步骤⑲

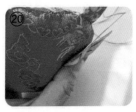

图 6-96 步骤⑳

图 6-97 步骤㉑

⑲ 缝合好一对眼睛，如图 **6-95** 所示。

⑳ 将眉毛和头部进行缝合。从头部入针，用挑针缝毛毡布，如图 **6-96** 所示。

㉑ 在头部缝合好眉毛的效果如图 **6-97** 所示。

图 6-98　步骤㉒

图 6-99　步骤㉓

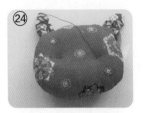
图 6-100　步骤㉔

㉒ 缝合眼睛，同样从头部入针，和眼睛缝合时尽量隐藏针脚，如图 **6-98** 所示。

㉓ 利用眼底的结构遮挡针脚，牢固地缝合眼睛，如图 **6-99** 所示。

㉔ 完成后缝线穿到头后部打结，如图 **6-100** 所示。

图 6-101　步骤㉕

图 6-102　步骤㉖

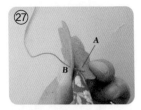
图 6-103　步骤㉗

㉕ 头部完成，如图 **6-101** 所示。

㉖ 缝合尾巴，留一个口子塞棉。对齐两片尾头，尾巴塞在两片尾头中间，如图 **6-102** 所示。

㉗ 捏住两片尾头和尾巴，用锁边缝针法。从尾巴（红花）A 处入针，尾头（绿色）B 处出针，连接尾巴和一片尾头。B 距离边缘 **0.8cm** 距离，如图 **6-103** 所示。

图 6-104　步骤㉘

图 6-105　步骤㉙

图 6-106　步骤㉚

㉘ 继续捏住，针从另一片尾头 C 入针，C 距离边缘 **0.8cm**，与 B 的位置对应。针穿过一层尾头出针，如图 **6-104** 所示。

㉙ 缝线压在 B 和 C 连线的下面，如图 **6-105** 所示。

㉚ 拉紧缝线，完成第一针。在适当的距离（大约 **0.8cm**）由下至上进第二针，进针处距离边缘 **0.8cm**，与 B、C 保持整齐，如图 **6-106** 所示。

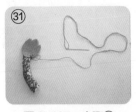
图 6-107　步骤㉛

图 6-108　步骤㉜

图 6-109　步骤㉝

㉛ 第二针同样压在前面的缝线下面，如图 **6-107** 所示。

㉜ 拉紧缝线，出现第二个锁边缝，如图 **6-108** 所示。

㉝ 依次推进，注意针脚距离保持整齐，如图 **6-109** 所示。

图 6-110 步骤㉞　　　　图 6-111 步骤㉟　　　　图 6-112 步骤㊱

㉞ 依图样压在前面缝线下出针，注意针脚距离保持整齐，如图 **6-110** 所示。

㉟ 拉紧，如图 **6-111** 所示。

㊱ 完成又一个锁边缝，注意针脚距离，如图 **6-112** 所示。

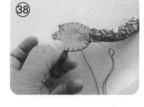

图 6-113 步骤㊲　　　　图 6-114 步骤㊳　　　　图 6-115 步骤㊴

㊲ 从尾头顶端俯视可以清晰地看到锁边，如果不整齐可以用手调整一下，如图 **6-113** 所示。

㊳ 绣到尾头和尾巴交界处，针插进尾巴入针，穿过绿色尾头出针，如图 **6-114** 所示。

㊴ 线压在前面缝线下面拉出，拉紧，如图 **6-115** 所示。

图 6-116 步骤㊵　　　　图 6-117 步骤㊶　　　　图 6-118 步骤㊷

㊵ 一层尾头锁边绣完成，如图 **6-116** 所示。

㊶ 把缝线自然过渡到另一面的尾头，如图 **6-117** 所示。

㊷ 从侧面可以看到最后一针要与第一针重合，如图 **6-118** 所示。

图 6-119 步骤㊸　　　　图 6-120 步骤㊹　　　　图 6-121 步骤㊺

㊸ 继续缝合另一面，如图 **6-119** 所示。

㊹ 完成后的尾巴效果如图 **6-120** 所示。

㊺ 依纸样裁剪老虎身体布料，留出缝份 **1.0cm**，如图 **6-121** 所示。

图 6-122 步骤46

图 6-123 步骤47

图 6-124 步骤48

46 把尾巴缝合在身体上，如图 **6-122** 所示。

47 缝合好尾巴的身体（未填充棉），留好返口，如图 **6-123** 所示。

48 细小的部位（比如老虎脚等部位）优先塞棉。把镇纸塞进去后继续填充直至身体饱满，如图 **6-124** 所示。

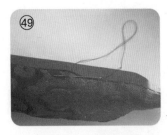
图 6-125 步骤49

图 6-126 步骤50

图 6-127 步骤51

49 填充好身体后，把返口用对针（藏针）缝合好，如图 **6-125** 所示。

50 饱满的身体如图 **6-126** 所示。

51 用撬针手法缝合头部与身体（1），如图 **6-127** 所示。

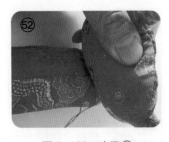
图 6-128 步骤52

图 6-129 步骤53

图 6-130 步骤54

52 用撬针手法缝合头部与身体（2），如图 **6-128** 所示。

53 用撬针手法缝合头部与身体（3），如图 **6-129** 所示。

54 最终效果如图 **6-130** 所示。

第四节　牛仔鱼风铃

本节将讲解牛仔鱼风铃（见图6-131）的制作方法。

图6-131　牛仔鱼风铃

一、准备材料

表布：旧牛仔裤。

辅料：PP棉，铜风铃，蜡绳。

二、设计创意

牛仔鱼风铃的设计点源于解构与重构结合的概念。首先观察并寻找旧牛仔裤本身特有的结构线条；观察牛仔服装特有的水磨做旧效果的肌理；选择适当的部位进行裁剪。这款牛仔鱼风铃最大的创意点在于拼搭，即如何对牛仔裤结构进行重新整合。

三、制作过程图解

图6-132　步骤①

图6-133　步骤②

图6-134　步骤③

① 准备一条旧牛仔裤，把纸样在牛仔裤上排好，如图**6-132**所示。

② 利用牛仔裤的口袋等结构比较优美的部位进行裁剪，如图**6-133**所示。

③ 注意牛仔裤水洗后的做旧效果，选择有肌理变化的地方进行裁剪，如图**6-134**所示。

图6-135　步骤④

图6-136　步骤⑤

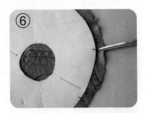
图6-137　步骤⑥

④ 用消色笔沿纸样在牛仔裤上画线，留出**1cm**的缝头，如图**6-135**所示。

⑤ 为了成品效果美观，有意识地进行拆解、拼合结构，如图**6-136**所示。

⑥ 做好剪口记号，如图**6-137**所示。

图6-138　步骤⑦

图6-139　步骤⑧

图6-140　步骤⑨

⑦ 拼合鱼的身体，如图**6-138**所示。

⑧ 在鱼鳍处塞一层薄棉，再用车明线装饰。将鱼鳍夹缝在鱼身体部分，如图**6-139**所示。

⑨ 将尾巴夹缝在鱼身体部分，如图**6-140**所示。

图 6-141 步骤⑩

图 6-142 步骤⑪

图 6-143 步骤⑫

⑩ 塞棉。边缘的部位先填充，如图 **6-141** 所示。

⑪ 手针沿中间圆洞走一圈线，把鱼身体的上下两层缝合在一起。让棉花鼓起，形成圆环状，如图 **6-142** 所示。

⑫ 将中间圆洞上下两层一起剪掉，留 **1cm** 的毛边，如图 **6-143** 所示。

图 6-144 步骤⑬

图 6-145 步骤⑭

图 6-146 步骤⑮

⑬ 整理好尾巴造型，用针线固定，如图 **6-144** 所示。

⑭ 尾巴用十字交叉线固定好，如图 **6-145** 所示。

⑮ 将中间圆圈的毛边整理美观，如图 **6-146** 所示。

图 6-147 步骤⑯

图 6-148 步骤⑰

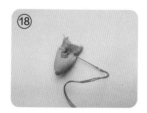
图 6-149 步骤⑱

⑯ 准备制作小鱼。车好外形，翻面，如图 **6-147** 所示。

⑰ 用镊子塞棉花，如图 **6-148** 所示。

⑱ 用手针疏缝尾部，如图 **6-149** 所示。

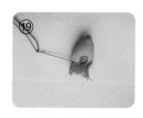
图 6-150 步骤⑲

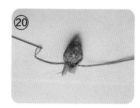
图 6-151 步骤⑳

图 6-152 步骤㉑

⑲ 依图样均匀进针，如图 **6-150** 所示。

⑳ 两头拉紧线，如图 **6-151** 所示。

㉑ 拉紧后打结，出现自然的鱼尾，如图 **6-152** 所示。

图 6-153　步骤㉒

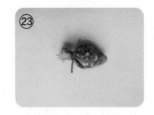
图 6-154　步骤㉓

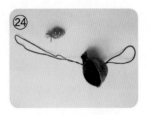
图 6-155　步骤㉔

㉒ 悬挂的小鱼外形完成，如图 **6-153** 所示。

㉓ 把小鱼和事先准备好的风铃配件进行组合，如图 **6-154** 所示。

㉔ 制作小鱼的眼睛。针从小鱼尾部进入，如图 **6-155** 所示。

图 6-156　步骤㉕

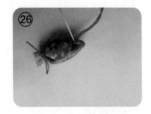
图 6-157　步骤㉖

图 6-158　步骤㉗

㉕ 从尾部进针，从眼睛部位出针，如图 **6-156** 所示。

㉖ 用法国结粒绣针法绣眼睛，如图 **6-157** 所示。

㉗ 眼睛制作完成后的效果如图 **6-158** 所示。

图 6-159　步骤㉘

图 6-160　步骤㉙

图 6-161　步骤㉚

㉘ 将两边眼睛都绣好，如图 **6-159** 所示。

㉙ 用手针把小鱼和风铃下面的吊绳缝好，如图 **6-160** 所示。

㉚ 将小鱼和蜡绳缝合好，如图 **6-161** 所示。

图 6-162　步骤㉛

图 6-163　步骤㉜

图 6-164　步骤㉝

㉛ 用适当长度的蜡绳穿过鱼中间圆洞后打个结，如图 **6-162** 所示。

㉜ 蜡绳打好结的效果如图 **6-163** 所示。

㉝ 将蜡绳和下挂的铃铛连接好，如图 **6-164** 所示。

 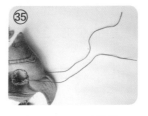 

图 6-165 步骤㉞   图 6-166 步骤㉟   图 6-167 步骤㊱

㉞ 将铃铛配件和大鱼小鱼连接好，如图 **6-165** 所示。

㉟ 用适当长度的蜡绳穿过圆洞，如图 **6-166** 所示。

㊱ 打两个结加强吊绳的装饰效果，如图 **6-167** 所示。

第五节　狗崽崽包

本节将讲解狗崽崽包（见图 **6-168**）的制作方法。

图 6-168 狗崽崽包

一、准备材料

表布：旧牛仔裤，织锦缎。

辅料：PP 棉，铜头拉链，蜡绳。

二、设计创意

狗崽崽包的设计点同样源于解构与重构结合的概念，选择旧牛仔裤适当的部位进行裁剪拼合。

故意外露的铜齿拉链；织锦缎与牛仔布极具反差效果的拼接；这些设计打破了人们的审美习惯，并进行了推陈出新。制作狗崽崽包需要思考的是如何结合传统手工与都市文化，以及如何结合传统文化与时尚文化。

三、制作过程图解

① 在适当大小的白纸上画好狗崽崽包的等比例图，如图 **6-169** 所示。

图 6-169　步骤①

图 6-170　步骤②

图 6-171　步骤③

图 6-172　步骤④

② 准备好纸样，如图 **6-170** 所示。

③ 在旧牛仔裤相应的部位裁剪布料，如图 **6-171** 所示。

④ 用熨斗把胶粒棉黏合在需要的部件布料上，车菱形格装饰（1）如图 **6-172** 所示。

图 6-173　步骤⑤

图 6-174　步骤⑥

图 6-175　步骤⑦

⑤ 用熨斗把胶粒棉黏合在需要的部件布料上，车菱形格装饰（2）如图 **6-173** 所示。

⑥ 用熨斗把胶粒棉黏合在需要的部件布料上，车菱形格装饰（3）如图 **6-174** 所示。

⑦ 反面车缝，头部拼合，如图 **6-175** 所示。

图 6-176　步骤⑧

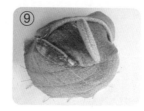

图 6-177　步骤⑨

图 6-178　步骤⑩

⑧ 将耳朵放置在图 **6-176** 所示的位置，如图 **6-176** 所示。

⑨ 头部多片依图样缝合，翻到正面，填充棉花，如图 **6-177** 所示。

⑩ 腿部缝合留下返口，翻转到正面塞棉，藏针缝合，如图 **6-178** 所示。

图 6-179　步骤⑪

图 6-180　步骤⑫

图 6-181　步骤⑬

⑪ 完成腿部的制作，如图 **6-179** 所示。

⑫ 身体由多片组成，缝合好，前腿夹缝在身体拼合处，如图 **6-180** 所示。

⑬ 拼接另一面身体，用熨斗把接缝处熨平，如图 **6-181** 所示。

图 6-182　步骤⑭

图 6-183　步骤⑮

图 6-184　步骤⑯

⑭ 装好拉链及里布，将两片身体合在一起。里布的下缘与外层牛仔布的下缘手针固定在一起，形成封闭的包袋。留出返口，再翻到正面，如图 **6-182** 所示。

⑮ 身体部位通过返口填充真空棉后，用手针缝合好返口。头部与身体在颈部缝合，如图 **6-183** 所示。

⑯ 另一面的效果如图 **6-184** 所示。

图 6-185　步骤⑰

图 6-186　步骤⑱

图 6-187　步骤⑲

⑰ 注意拉链细节，拉开后有包袋空间，如图 **6-185** 所示。

⑱ 依图示用手针绣出嘴巴（1），如图 **6-186** 所示。

⑲ 绣嘴巴（2），如图 **6-187** 所示。

图 6-188　步骤⑳

图 6-189　步骤㉑

图 6-190　步骤㉒

⑳ 绣好嘴巴的效果如图 **6-188** 所示。

㉑ 右手从颈部入针，左手把头部向下压。注意找一根比较长的针，如图 **6-189** 所示。

㉒ 右手针尖找到眼睛定位点，出针，如图 **6-190** 所示。

图 6-191　步骤㉓

图 6-192　步骤㉔

图 6-193　步骤㉕

㉓ 缝好眼睛后右手执针返回，透过颈部，拉紧线，使眼睛略凹陷，增加眼睛的真实感，如图 **6-191** 所示。

㉔ 颈部出针部位，如图 **6-192** 所示。

㉕ 缝好的眼睛的效果如图 **6-193** 所示。

图 6-194　步骤㉖

图 6-195　步骤㉗

图 6-196　步骤㉘

㉖ 后腿的组装。从身体入针穿过腿部，如图 **6-194** 所示。

㉗ 线穿过后腿关节处，如图 **6-195** 所示。

㉘ 线穿过后腿再从腿部入针返回，穿透腿部回到身体缝合，如图 **6-196** 所示。

图 6-197　步骤㉙

图 6-198　步骤㉚

图 6-199　步骤㉛

㉙ 拉紧线，再继续以上步骤 2 ～ 3 次，在关节处形成一个线结，略微凹陷，如图 **6-197** 所示。

㉚ 最后拉紧线打结，把接头隐藏在腿后面，如图 **6-198** 所示。

㉛ 手针在颈部缝 **X** 型交叉装饰线，如图 **6-199** 所示。

图 6-200 步骤㉜   图 6-201 步骤㉝   图 6-202 步骤㉞

㉜ 颈部与头部缝合完成，如图 **6-200** 所示。

㉝ 尾巴的制作。准备一块圆形牛仔布，直径为尾巴球的两倍，如图 **6-201** 所示。

㉞ 离布边 **0.2cm** 处用平缝针法均匀缝一圈，如图 **6-202** 所示。

图 6-203 步骤㉟   图 6-204 步骤㊱   图 6-205 步骤㊲

㉟ 收紧线头，然后将每个褶子顺势理直，形成一个圆球状，如图 **6-203** 所示。

㊱ 在中间塞真空棉，如图 **6-204** 所示。

㊲ 拉紧线头，打结固定，如图 **6-205** 所示。

图 6-206 步骤㊳   图 6-207 步骤㊴   图 6-208 步骤㊵

㊳ 用手针把圆球缝合在身体尾部，如图 **6-206** 所示。

㊴ 准备两根 **1.5m** 长的蜡绳，对折后穿过绊子，打结固定，如图 **6-207** 所示。

㊵ 两头打结固定，如图 **6-208** 所示。

图 6-209 步骤㊶   图 6-210 步骤㊷   图 6-211 步骤㊸

㊶ 两根蜡绳打结连接，并将绳头做成一朵郁金香，如图 **6-209** 所示。

㊷ 两根蜡绳的连接效果如图 **6-210** 所示。

㊸ 整体完成后的效果如图 **6-211** 所示。

第六节 童梦——星辰

本节将讲解童梦——星辰（见图 **6-212**）的制作方法。

图 6-212 童梦——星辰

一、准备材料

表布：白色高支棉布，白色蕾丝织丝棉。

辅料：PP 棉，铁丝。

二、设计创意

这件布艺作品创意的重点在于纯粹、率真意向的传达。选择高支棉和刺绣蕾丝布为材料，表现出轻盈而飘逸的基调；选择简笔画的星辰、弯月、小鸟、爱心、云朵可以表现出童趣；再用手工绣活赋予星辰、弯月、小鸟、爱心、云朵各种表情，使作品灵活、生动。

三、制作过程图解

图 6-213　步骤①

图 6-214　步骤②

图 6-215　步骤③

① 依纸样裁剪布料，如图 **6-213** 所示。

② 反面缝纫后，留下返口。翻到正面，用镊子把尖角轮廓整理清晰，如图 **6-214** 所示。

③ 填充真空棉后，用藏针法缝合返口，如图 **6-215** 所示。

图 6-216　步骤④

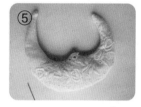
图 6-217　步骤⑤

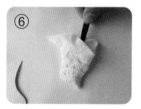
图 6-218　步骤⑥

④ 塞真空棉时从边缘部分开始，保证最终的成品外观饱满，如图 **6-216** 所示。

⑤ 月亮制作完成后的效果如图 **6-217** 所示。

⑥ 小鸟在选择布料时有意让花边部分出现在头部。反面缝纫后留下返口，翻到正面，用镊子把尖角顶出，如图 **6-218** 所示。

图 6-219　步骤⑦

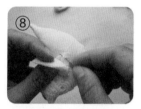
图 6-220　步骤⑧

图 6-221　步骤⑨

⑦ 填充真空棉，缝合返口。翅膀塞棉缝合后，压三道明线，以增加立体感，如图 **6-219** 所示。

⑧ 缝合翅膀和身体，如图 **6-220** 所示。

⑨ 小鸟制作完成后的效果如图 **6-221** 所示。

图 6-222　步骤⑩

图 6-223　步骤⑪

图 6-224　步骤⑫

⑩ 绣月亮的眼睛。可以事先用消色笔画好眼睛的线条，如图 **6-222** 所示。

⑪ 用轮廓绣针法，如图 **6-223** 所示。

⑫ 依图样进针，如图 **6-224** 所示。

图 6-225　步骤⑬

图 6-226　步骤⑭

图 6-227　步骤⑮

⑬ 进针处都在上一个线迹的中间，如图 **6-225** 所示。

⑭ 循序渐进，如图 **6-226** 所示。

⑮ 弯弯的眼睛制作完成的效果如图 **6-227** 所示。

图 6-228　步骤⑯

图 6-229　步骤⑰

图 6-230　步骤⑱

⑯ 同理，绣好微笑的嘴巴，如图 **6-228** 所示。

⑰ 用法国结粒绣法绣出小鸟眼睛。从底往上 **A** 点出针，如图 **6-229** 所示。

⑱ 右手执针，左手拉紧线，用针绕圈，针尖对着自己，如图 **6-230** 所示。

图 6-231　步骤⑲

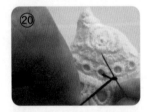

图 6-232　步骤⑳

图 6-233　步骤㉑

⑲ 针向上扭转一下，如图 **6-231** 所示。

⑳ 左手拉线，形成一个线圈，如图 **6-232** 所示。

㉑ 左手拉线，使线圈接近布面，针尖对着出针点 **A** 的临近点 **B** 刺入，如图 **6-233** 所示。

图 6-234　步骤㉒

图 6-235　步骤㉓

图 6-236　步骤㉔

㉒ 同时左手拉紧使线圈紧贴在布面和针上面，如图 **6-234** 所示。

㉓ 左手拉紧，右手执针拉线，如图 **6-235** 所示。

㉔ 针穿过布面后，布面上就留下了一个结。小鸟眼睛制作完成的效果如图 **6-236** 所示。

图 6-237　步骤㉕

图 6-238　步骤㉖

图 6-239　步骤㉗

㉕ 制作完成五角星，如图 **6-237** 所示。

㉖ 制作完成一朵浮云，如图 **6-238** 所示。

㉗ 准备 **4** 根长 **70cm** 的铁丝；用 **45°** 斜纱裁 **4** 根宽 **4cm**、长 **70cm** 的布条，如图 **6-239** 所示。

图 6-240　步骤㉘

图 6-241　步骤㉙

图 6-242　步骤㉚

㉘ 将布条车成筒状，中间穿铁丝，围绕成布圈。依图样拼在一起，如图 **6-240** 所示。

㉙ 交接部位缝合，如图 **6-241** 所示。

㉚ 组合成空心球体状，如图 **6-242** 所示。

图 6-243　步骤㉛

图 6-244　步骤㉜

图 6-245　步骤㉝

㉛ 裁剪两块五角星布料。距毛口边 **0.5cm** 纡针缝合，如图 **6-243** 所示。

㉜ 注意针脚均匀，如图 **6-244** 所示。

㉝ 缝合好后，塞真空棉，如图 **6-245** 所示。

图 6-246　步骤㉞

图 6-247　步骤㉟

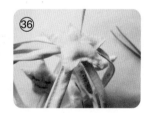
图 6-248　步骤㊱

㉞ 塞完真空棉后，继续缝纫好返口，如图 **6-246** 所示。

㉟ 五角星装饰在球体顶部，如图 **6-247** 所示。

㊱ 用一根棉塑线由下至上穿过五角星中心，做悬挂的吊绳，如图 **6-248** 所示。

图 6-249　步骤③⑦

图 6-250　步骤③⑧

图 6-251　步骤③⑨

③⑦ 从小鸟头顶边缘进针，用棉线把小鸟缝合在球体底端交叉处，如图 **6-249** 所示。

③⑧ 小鸟头部距离球体一定的距离，如图 **6-250** 所示。

③⑨ 制作完成连接好的小鸟，如图 **6-251** 所示。

图 6-252　步骤④⓪

图 6-253　步骤④①

图 6-254　步骤④②

④⓪ 将月亮放在中心部位，如图 **6-252** 所示。

④① 连接云朵，如图 **6-253** 所示。

④② 连接五角星，仔细观察各个小组件的在空间里的呈现形态，把各个小组件美观地组合在球体空间中，如图 **6-254** 所示。

第七节　乖乖兔钥匙包

本节将讲解乖乖兔钥匙包（见图 **6-255**）的制作方法。

（a）

图 6-255　乖乖兔钥匙包

（b）

图6-255　乖乖兔钥匙包（续）

一、准备材料

表布：本白色棉布，色织彩棉。

辅料：PP 棉，钥匙串，棉织花边带，纽扣。

二、设计创意

这件作品的设计出发点是考虑如何把传统手工与都市生活相结合，传统工艺品不仅是束之高阁的观赏品，同样可以融入我们的生活，成为日常生活的一部分。本例会利用布艺乖乖兔身体的包容结构去装纳钥匙串。

三、制作过程图解

图 6-256　步骤①

图 6-257　步骤②

图 6-258　步骤③

① 裁剪好纸型，用消色笔沿纸型轮廓画在布的反面，如图 **6-256** 所示。

② 留 **0.8 ～ 1.0cm** 的缝份，然后进行裁剪，如图 **6-257** 所示。

③ 裁剪好的布料块：兔头两片，身体四片，耳朵各两片，腿各两片，如图 **6-258** 所示。

图 6-259　步骤④

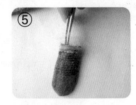

图 6-260　步骤⑤

图 6-261　步骤⑥

④ 缝纫后清剪多余的缝份，以便翻折后轮廓清晰、漂亮，如图 **6-259** 所示。

⑤ 首先缝纫耳朵与腿等小部件，翻到正面后塞入棉花，细小的部件可借助镊子进行棉花的填充，如图 **6-260** 所示。

⑥ 在耳朵和腿中填充好真空棉，如图 **6-261** 所示。

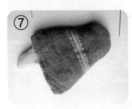

图 6-262　步骤⑦

图 6-263　步骤⑧

图 6-264　步骤⑨

⑦ 身体由前身、后身组成。裁剪好的两块布反面缝合后，翻折到正面塞棉花，腿夹缝在下摆处，组成前身，如图 **6-262** 所示。

⑧ 后身同样由两片布缝合后塞棉。前后身对齐，用对针缝合身体侧面，如图 **6-263** 所示。

⑨ 身体下方不缝合，为钥匙串留进出空间，如图 **6-264** 所示。

图 6-265　步骤⑩

图 6-266　步骤⑪

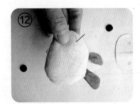

图 6-267　步骤⑫

⑩ 上方中心 **1cm** 洞口不缝，以便之后穿拉绳，如图 **6-265** 所示。

⑪ 头部两片缝合后留出上部返口塞棉花，用将耳朵手针疏缝在头上部确定最佳连接位置，如图 **6-266** 所示。

⑫ 头部返口用对针缝合。头后部入针穿到前面缝纽扣作为兔子眼睛，如图 **6-267** 所示。

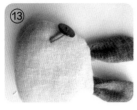

图 6-268 步骤⑬　　　　　图 6-269 步骤⑭　　　　　图 6-270 步骤⑮

⑬ 完成眼睛的缝合，如图 **6-268** 所示。

⑭ 手针在脑后略微使劲拉紧，使纽扣贴合面布形成凹陷感，如图 **6-269** 所示。

⑮ 眼睛微陷在头部，更具立体感，如图 **6-270** 所示。

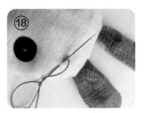

图 6-271 步骤⑯　　　　　图 6-272 步骤⑰　　　　　图 6-273 步骤⑱

⑯ 用轮廓绣针法绣眉毛（1）（参见布艺手工针法图解章节），如图 **6-271** 所示。

⑰ 用轮廓绣针法绣眉毛（2），如图 **6-272** 所示。

⑱ 用轮廓绣针法绣眉毛（3），如图 **6-273** 所示。

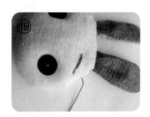

图 6-274 步骤⑲　　　　　图 6-275 步骤⑳　　　　　图 6-276 步骤㉑

⑲ 用轮廓绣针法绣眉毛（4），如图 **6-274** 所示。

⑳ 绣好鼻子和嘴巴，如图 **6-275** 所示。

㉑ 用轮廓绣针法绣兔子的三瓣嘴（1），如图 **6-276** 所示。

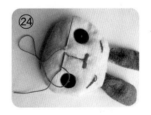

图 6-277 步骤㉒　　　　　图 6-278 步骤㉓　　　　　图 6-279 步骤㉔

㉒ 用轮廓绣针法绣兔子的三瓣嘴（2），如图 **6-277** 所示。

㉓ 用轮廓绣针法绣兔子的三瓣嘴（3），如图 **6-278** 所示。

㉔ 用轮廓绣针法绣兔子的三瓣嘴（4）。弧形拐弯处需注意，如图 **6-279** 所示。

图 6-280　步骤㉕

图 6-281　步骤㉖

图 6-282　步骤㉗

㉕ 缝合后的完美弧线，如图 **6-280** 所示。

㉖ 将头部与身体用手针缝合，如图 **6-281** 所示。

㉗ 用一些花边作为表面装饰，如图 **6-282** 所示。

图 6-283　步骤㉘

图 6-284　步骤㉙

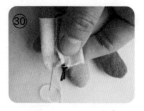

图 6-285　步骤㉚

㉘ 用一根蜡绳穿过钥匙排挂件，从下边开口处进入，如图 **6-283** 所示。

㉙ 从上方预留的 **1cm** 孔穿出。做一个郁金香花苞装饰接头。用主面布准备一块长方形布块，窄的两边在反面车缝，如图 **6-284** 所示。

㉚ 用手针卷着缝布的上下两层。注意避开蜡绳，如图 **6-285** 所示。

图 6-286　步骤㉛

图 6-287　步骤㉜

图 6-288　步骤㉝

㉛ 卷缝好的样子，如图 **6-286** 所示。

㉜ 两头抽拉缝线，如图 **6-287** 所示。

㉝ 扎紧，缠绕两圈后打结，如图 **6-288** 所示。

图 6-289　步骤㉞

图 6-290　步骤㉟

图 6-291　步骤㊱

㉞ 把布翻到正面，蜡绳的结就藏在了花苞里面，如图 **6-289** 所示。

㉟ 填充适量真空棉，包裹住蜡绳的绳头，如图 **6-290** 所示。

㊱ 把花苞布边对齐，如图 **6-291** 所示。

图 6-292　步骤㊲

图 6-293　步骤㊳

图 6-294　步骤㊴

㊲ 在中心点缝合，如图 **6-292** 所示。

㊳ 另外两头也向中心推，然后对齐中心缝合，如图 **6-293** 所示。

㊴ 制作完成的郁金香花苞如图 **6-294** 所示。

图 6-295　步骤㊵

图 6-296　步骤㊶

图 6-297　步骤㊷

㊵ 从背面看，使用钥匙，如图 **6-295** 所示。

㊶ 拉起花苞，内藏钥匙，如图 **6-296** 所示。

㊷ 适当装饰一下小兔子钥匙包，如图 **6-297** 所示。

第八节　布娃娃

本节将讲解布娃娃（见图 **6-298**）的制作方法。

图 6-298　布娃娃

一、准备材料

表布：普蓝色高支棉布，各色碎花布。

辅料：PP 棉，无纺布，纽扣。

二、设计创意

本例中的布娃娃造型突破了中国传统布娃娃的设计思路，脸部简约化，突出五官的表情塑造；四肢纤长，具有未来感。布娃娃身体的色彩配合是设计的重点，遵循了花型对比原则进行面料搭配，在花型的图案大小对比、花型的色彩对比两方面进行考量，塑造一个饱满的艺术形象。最后用轮廓线针法描画出眉眼，赋予作品鲜活的生命力。

三、制作过程图解

图 6-299　步骤①　　　　图 6-300　步骤②　　　　图 6-301　步骤③

① 选择面料，进行合适的花型和色彩搭配，如图 **6-299** 所示。

② 依纸样裁剪，如图 **6-300** 所示。

③ 将纸样放在布料上，画好线，如图 **6-301** 所示。

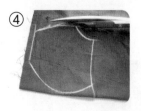  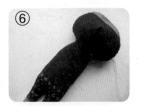

图 6-302　步骤④　　　　图 6-303　步骤⑤　　　　图 6-304　步骤⑥

④ 留出 0.8cm 的缝头，进行裁剪。然后把身体和头缝合好，如图 **6-302** 所示。

⑤ 将头和身体缝合在一起，在后颈部留出返口，塞真空棉，如图 **6-303** 所示。

⑥ 将棉花塞饱满，如图 **6-304** 所示。

图 6-305　步骤⑦　　　　图 6-306　步骤⑧　　　　图 6-307　步骤⑨

⑦ 用对针缝好返口，如图 **6-305** 所示。

⑧ 缝合好以后的返口，对针针法巧妙地隐藏了针脚，如图 **6-306** 所示。

⑨ 依纸样裁剪手臂，缝好后剪去多余的缝份，如图 **6-307** 所示。

图 6-308　步骤⑩

图 6-309　步骤⑪

图 6-310　步骤⑫

⑩ 翻折到正面，塞真空棉，如图 **6-308** 所示。

⑪ 将身体和手臂都整理好，如图 **6-309** 所示。

⑫ 参照 YOYO 做法，准备四块大小渐变的圆形布块，制作头饰，如图 **6-310** 所示。

图 6-311　步骤⑬

图 6-312　步骤⑭

图 6-313　步骤⑮

⑬ 离布边 **0.2cm** 处用平缝针法均匀缝一圈，如图 **6-311** 所示。

⑭ 收紧线头，形成一个中空圆球状，如图 **6-312** 所示。

⑮ 然后将每个褶子顺势理直，以备中间塞真空棉，如图 **6-313** 所示。

图 6-314　步骤⑯

图 6-315　步骤⑰

图 6-316　步骤⑱

⑯ 依次准备好四个圆球，如图 **6-314** 所示。

⑰ 塞好棉花后，按"上小下大"缝合好，如图 **6-315** 所示。

⑱ 四个球依据配色原理搭配好，如图 **6-316** 所示。

图 6-317　步骤⑲

图 6-318　步骤⑳

图 6-319　步骤㉑

⑲ 贴着球体底部，把头饰和头缝合在一起，如图 **6-317** 所示。

⑳ 注意隐藏针脚，如图 **6-318** 所示。

㉑ 缝眼睛，如图 **6-319** 所示。

图 6-320　步骤㉒

图 6-321　步骤㉓

图 6-322　步骤㉔

㉒ 用纽扣制作眼睛，如图 **6-320** 所示。

㉓ 最后一针，用手把娃娃头压扁，针穿过整个娃娃头，如图 **6-321** 所示。

㉔ 针从头身连接处穿出，如图 **6-322** 所示。

图 6-323　步骤㉕

图 6-324　步骤㉖

图 6-325　步骤㉗

㉕ 拉紧线后，让纽扣压着头面部形成凹陷，如图 **6-323** 所示。

㉖ 两边纽扣眼睛都缝合好，如图 **6-324** 所示。

㉗ 用红线绣眼睫毛，如图 **6-325** 所示。

图 6-326　步骤㉘

图 6-327　步骤㉙

图 6-328　步骤㉚

㉘ 绣好眼睫毛，如图 **6-326** 所示。

㉙ 用轮廓线针法绣眉毛，如图 **6-327** 所示。

㉚ 绣好眉毛和眼睛，如图 **6-328** 所示。

图 6-329　步骤㉛

图 6-330　步骤㉜

图 6-331　步骤㉝

㉛ 用红色的无纺布做腮红，用绞针缝在眼睛下面，如图 **6-329** 所示。

㉜ 缝好嘴巴，如图 **6-330** 所示。

㉝ 头部细节制作完成，如图 **6-331** 所示。

图6-332　步骤㉞　　　　　　　图6-333　步骤㉟

㉞ 用一粒贝壳扣做关节，把手臂和身体缝在一起，如图 **6-332** 所示。

㉟ 娃娃制作完成的效果如图 **6-333** 所示。